国家出版基金项目
NATIONAL PUBLICATION FOUNDATION
国家"十二五"重点图书出版规划项目

城市地下空间出版工程·规划与设计系列

城市地下空间低碳化设计与评估

俞明健　范益群　胡　昊　编著

同濟大学 出版社
TONGJI UNIVERSITY PRESS

图书在版编目(CIP)数据

城市地下空间低碳化设计与评估/俞明健,范益群,胡昊编著.—上海:
同济大学出版社,2015.12
(城市地下空间出版工程/钱七虎主编.规划与设计系列)
ISBN 978 - 7 - 5608 - 6170 - 8

Ⅰ.①城… Ⅱ.①俞… ②范… ③胡… Ⅲ.①城市空间－地下建筑
物－节能－建筑设计－研究 Ⅳ.①TU92
中国版本图书馆 CIP 数据核字(2015)第 318646 号

城市地下空间出版工程·规划与设计系列

城市地下空间低碳化设计与评估

俞明健　范益群　胡　昊　编著

出 品 人：支文军
策　　划：杨宁霞　季　慧　胡　毅
责任编辑：吕　炜
责任校对：徐春莲
封面设计：陈益平

出版发行　　同济大学出版社　www.tongjipress.com.cn
　　　　　　（上海市四平路1239号　邮编：200092　电话：021－65985622）
经　　销　　全国各地新华书店、建筑书店、网络书店
排版制作　　南京新翰博图文制作有限公司
印　　刷　　上海中华商务联合印刷有限公司
开　　本　　787mm×1092mm　1/16
印　　张　　10.75
字　　数　　268 000
版　　次　　2015 年 12 月第 1 版　　2015 年 12 月第 1 次印刷
书　　号　　ISBN 978 - 7 - 5608 - 6170 - 8
定　　价　　98.00 元

内容提要

本书为国家"十二五"重点图书出版规划项目、国家出版基金资助项目。

本书从我国(特别是上海市)低碳建筑建设过程中面临的困难和存在的问题出发,依托上海虹桥商务区低碳建设导则的编制,首次结合地下空间的综合开发,提出了低碳地下空间的理论框架和技术体系,建立了低碳地下空间评估指标体系和评价标准。

本书主要成果包括:首先,在对国内外城市低碳建筑及建筑碳排放量最新发展趋势及特征等进行总结的基础上,结合上海世博会园区地下空间开发的实践,提出了低碳地下空间的理论框架及其集成技术体系。其次,从影响低碳地下空间评估的因素分析出发,提出了低碳地下空间评估指标,建立了评估指标体系及评价标准。第三,针对低碳地下空间评价中主要存在的问题进行分析,研究绿色建筑体系标准用于城市地下空间低碳评价的适用性。最后,基于我国地下建筑运行中的能耗特点,结合我国能源生产、利用过程中的碳排放特点和数据,阐述了碳排放现场检测技术,分析了建筑和环境碳排放的计量,建立了地下空间工程全生命周期碳足迹计算器开发的应用技术。

在以上成果的基础上,结合温州"绿轴"和"3号街心公园"低碳地下空间设计,梳理了低碳地下空间开发建设若干主要技术,并对两处地下空间全生命周期碳足迹进行了计算;在此基础上论证了低碳技术方案的减排效果,并提出了当地可持续能源利用的方案。

随着我国城市地下空间综合开发的不断扩大,在地下空间开发过程中引入低碳地下空间的理论与技术体系十分必要,具有重要意义和前瞻性。本书最后,对此进行了简要的讨论。

本书可供从事城市地下空间开发、规划、设计、施工、管理的设计师、工程师,以及高等院校相关专业师生参考阅读。

《城市地下空间出版工程·规划与设计系列》编委会

作者简介

俞明健 上海市政工程设计研究总院(集团)有限公司总工程师,城市交通与地下空间设计研究院院长,教授级高级工程师。享受国务院政府特殊津贴专家,上海领军人才。

近年来,主持了上海外滩通道工程、上海东西通道工程、上海北横通道工程、深港西部通道深圳侧接线工程、上海世博园区市政基础设施项目、外滩交通枢纽工程、虹桥交通枢纽地下空间、武汉王家墩商务核心区地下空间、无锡锡东新城高铁商务区地下车行通道工程、济南高新区汉峪金融商务中心 A 区地下空间等项目的设计。

主编国家、行业、协会及地方标准规范 5 部,并先后主持了上海市科委等资助的科研课题数十项,包括:"世博园区地下空间的综合利用和开发技术研究"、"城市地下快速路建设关键技术研究"等。

多次获上海市科技进步奖、国家及上海市优秀设计奖、上海市优秀工程咨询奖。

范益群 工学博士,教授级高级工程师,英国皇家特许工程师,上海市政工程设计研究总院(集团)有限公司城市交通与地下空间设计研究院副总工程师,中国岩石力学与工程学会地下空间分会理事、上海市土木工程学会地下工程专业委员会理事、上海市勘察设计标准化专业委员会委员。

作为专业负责人、负责人或审核人承担过多项大型地下空间项目的规划设计工作,同时参与、主持国家、住房和城乡建设部、上海市科委及国资委等多项科技攻关项目,包括科技部"863"项目 2 项、住房和城乡建设部项目 2 项、上海市科委项目 6 项、上海市国资委项目 1 项等。编制国家、行业和上海市地方标准 4 部,参编国家、行业和地方标准 6 项,编写专著 2 部,参编 1 部。

曾获得中国土木工程学会第五届优秀论文一等奖、上海市科协第八届青年优秀科技论文二等奖,多次获得华夏建设科学技术奖,参与负责项目获全国优秀工程勘察设计行业三等奖、上海市优秀工程勘察设计二等奖、上海市优秀工程咨询成果一等奖等数项。

胡　昊　哲学博士,上海交通大学教授、博士生导师,英国皇家特许工程师,英国土木工程师学会会士(Fellow)。上海交通大学交通运输工程学科负责人,工程管理研究所所长。担任英国土木工程师学会中国教育培训中心主任,中国建筑学会建筑经济分会理事,中国建筑学会建筑经济学术委员会委员,上海市楼宇科技研究会副理事长,上海市绿色建筑促进会标准化委员会副主任等。

主持国家自然科学基金、国家社会科学基金等纵向课题 30 余项,国际合作科研项目 6 项,在国内外核心学术期刊发表论文 100 多篇,其中 SCI/SSCI、EI 收录 50 余篇。其成果获上海市决策咨询研究成果奖、上海市科技进步奖、ICTPP 2011 最佳论文奖等奖项。

总 序

PREFACE

　　国际隧道与地下空间协会指出,21世纪是人类走向地下空间的世纪。科学技术的飞速发展,城市居住人口迅猛增长,随之而来的城市中心可利用土地资源有限、能源紧缺、环境污染、交通拥堵等诸多影响城市可持续发展的问题,都使我国城市未来的发展趋向于对城市地下空间的开发利用。地下空间的开发利用是城市发展到一定阶段的产物,国外开发地下空间起步较早,自1863年伦敦地铁开通到现在已有150多年。中国的城市地下空间开发利用源于20世纪50年代的人防工程,目前已步入快速发展阶段。当前,我国正处在城市化发展时期,城市的加速发展迫使人们对城市地下空间的开发利用步伐加快。无疑21世纪将是我国城市向纵深方向发展的时代,今后20年乃至更长的时间,将是中国城市地下空间开发建设和利用的高峰期。

　　地下空间是城市十分巨大而丰富的空间资源。它包含土地多重化利用的城市各种地下商业、停车库、地下仓储物流及人防工程,包含能大力缓解城市交通拥挤和减少环境污染的城市地下轨道交通和城市地下快速路隧道,包含作为城市生命线的各类管线和市政隧道,如城市防洪的地下水道、供水及电缆隧道等地下建筑空间。可以看到,城市地下空间的开发利用对城市紧缺土地的多重利用、有效改善地面交通、节约能源及改善环境污染起着重要作用。通过对地下空间的开发利用,人类能够享受到更多的蓝天白云、清新的空气和明媚的阳光,逐渐达到人与自然的和谐。

　　尽管地下空间具有恒温性、恒湿性、隐蔽性、隔热性等特点,但相对于地上空间,地下空间的开发和利用一般周期比较长、建设成本比较高、建成后其改造或改建的可能性比较小,因此对地下空间的开发利用在多方论证、谨慎决策的同时,必须要有完整的技术理论体系给予支持。同时,由于地下空间是修建在土体或岩石中的地下构筑物,具有隐蔽性,与地面联络通道有限,且其周围临近很多具有敏感性的各类建(构)筑物(如地铁、房屋、道路、管线等)。这些特点使得地下空间在开发和利用中,在缺乏充分的地质勘察、不当的设计和施工条件下,所引起的重大灾害事故时有发生。近年来,国内外在地下空间建设中的灾害事故(如2004年新加坡地铁施工事故、2009年德国科隆地铁塌方、2003年上海地铁4号线建设事故、2008年杭州地铁建设事故等),以及运营中的火灾(2003年韩国大邱地铁火灾、2006年美国芝加哥地铁事故等)、断电(2011年上海地铁10号线追尾事故等)等造成的影响至今仍给社会带来极大的负面效应。因此,在开发利用地下空间的过程中需要有高水平的专业理论和技术方法作指导。在我国城市地下空间开发建设步入"快车道"的背景下,目前市场上的相关书籍还远远不能满足现阶段这方面的迫切需要,系统的、具有引领性的技术类丛书更是匮乏。

目前,城市地下空间开发亟待建立科学的风险控制体系和有针对性的监管办法,《城市地下空间出版工程》丛书着眼于国家未来的发展方向,按照城市地下空间资源安全开发利用与维护管理的全过程进行规划,借鉴国际、国内城市地下空间开发的研究成果并结合实际案例,以城市地下交通、地下市政公用、地下公共服务、地下防空防灾、地下仓储物流、地下工业生产、地下能源环保、地下文物保护等设施为对象,分别从地下空间开发利用的管理法规与投融资、资源评估与开发利用规划、城市地下空间设计、城市地下空间施工和城市地下空间的安全防灾与运营管理等多个方面进行组织策划,这些内容分而有深度、合而成系统,涵盖了目前地下空间开发利用的全套知识体系,其中不乏反映发达国家在这一领域的科研及工程应用成果,涉及国家相关法律法规的解读,设计施工理论和方法,灾害风险评估与预警以及智能化、综合信息等,以期成为对我国未来开发利用地下空间较为完整的理论指导体系。综上所述,丛书具有学术上、技术上的前瞻性和重大的工程实践意义。

本套丛书被列为"十二五"时期国家重点图书出版规划项目。丛书的理论研究成果来自国家重点基础研究发展计划(973 计划)、国家高技术研究发展计划(863 计划)、"十一五"国家科技支撑计划、"十二五"国家科技支撑计划、国家自然科学基金项目、上海市科委科技攻关项目、上海市科委科技创新行动计划等科研项目。同时,丛书的出版得到了国家出版基金的支持。

由于地下空间开发利用在我国的许多城市已经开始,而开发建设中的新情况、新问题也在不断出现,本丛书难以在有限时间内涵盖所有新情况与新问题。书中疏漏、不当之处难免,恳请广大读者不吝指正。

钱七虎

2014 年 6 月

前 言

FOREWORD

二氧化碳的过度排放将导致全球气候变暖,而全球气候变暖会对整个人类的生存和发展造成严重威胁。统计数据显示,在中国每建成 1 m^2 的房屋,便会释放出约 0.8 t 碳。同时,建筑物为维持自身功能,例如采暖、空调、通风、照明等需耗费大量的能源,碳排放量很大。因此,建设绿色低碳建筑项目,实现节能技术创新,建立建筑低碳排放体系,需注重建设过程的每一个环节,以便有效控制和降低建筑的碳排放,从而形成可循环持续发展的模式。使建筑物在建造、使用及拆除过程中都能够达到低碳节能的标准,是社会发展必由之路,也是我们义不容辞的责任。

我们在大力倡导上部可持续建筑、绿色建筑、低碳建筑的同时,也不应忽略城市未被充分利用的地下空间。开发利用好这一空间可在不增加城市用地的情况下扩大城市的容积,改善功能,缓解诸多"城市病",提升城市现代化水平,为城市的集约可持续发展作出贡献。地下建筑的设计要在低碳建筑设计理念的指导下,贯彻健康、舒适、合理便利、安全导向、绿色生态、文化艺术等原则,并利用开天窗、下沉广场、地下中庭、采光井等技术解决好地下建筑自然采光、通风等问题,使地下建筑真正成为绿色建筑、低碳建筑。

目前,我国对地下空间工程设施的低碳化设计尚缺乏相关指导,随着地下空间工程设施的新技术、新材料和新方法越来越多,设计人员往往无所适从,甚至错误应用,对地下空间的设计如何应用新技术减少碳排放,如何设计得更科学、合理,已显得十分重要与迫切。

本书在国内外低碳化技术与评估方法现状调查的基础上,对地下空间工程设施低碳化设计进行系统研究,总结现有工程取得的经验教训,以供业内人士参考。

在本书的组织和编写过程中,得到了相关单位的大力支持和帮助,限于篇幅,不一一列出,在此谨表谢意。

感谢同济大学出版社对本书出版发行的大力支持以及所付出的辛勤劳动。

书中不足之处,敬请读者批评指正。

俞明健

2015 年 9 月于上海

目 录

CONTENTS

1　绪　论

1.1 人类对地下空间的开发历程

人类在地球上出现至今已有300万年以上的历史,在这漫长的时间里,地下空间一直作为人类防御自然威胁以及外来侵袭的防护设施而被加以利用。随着科学技术的发展,这种利用早已从自然洞穴向着人工洞穴发展。到如今,地下空间的利用形态已经变得多种多样。"如果说19世纪是桥的世纪,20世纪是高层建筑的世纪,那么21世纪就是地下空间的世纪",国际隧道协会曾如此预言。如今的城市存在着土地资源稀缺、人口密集、交通拥堵、城市空气污染等问题。这些城市化进程所留下的"后遗症"应该寻求有效而且集约的方式去缓解人与城市之间的矛盾。开发和利用地下空间可以扩展城市空间容量,提高城市空间的集约度,可使城市交通更有效率,也能增加城市地面绿化面积。与此同时地下空间的开发会带动商业经济的繁荣。由此可见,地下空间的多维化开发将是城市革新发展的必然趋势。

地下空间利用开发经历以下四个阶段的发展。

1. 第一个阶段:穴居时代

在人类开始出现的早期,人类利用地下空间防御自然威胁。主要用石块、兽骨等工具开挖天然的洞穴并有意识地修筑以满足自身的需求。比如北京周口店遗址和被称为母系氏族公社的西安半坡遗址(图1-1),这些洞穴往往呈现出半地下空间的状态,主要是为了满足居住生活所需。之后由于黄土高原土壤特殊的性质,在山西、陕西一带较多的"地坑式"窑洞(图1-2)、"崖壁式"窑洞等都是人类常见的地下居住形式。

图1-1　西安半坡遗址现场
资料来源:《中国军事图集》

图1-2　陕西"地坑式"窑洞
资料来源:《中原民艺谭》——黄土高原·土窑洞(三)

2. 第二个阶段:古代城市地下空间利用阶段

从产生人类文明到第一次工业革命(18世纪60年代)之前的古代城市时期,人类往往单一功能地利用地下空间。开发的目的往往是为了创造更好的人类居住空间或者更多地利用地下空间的物理特性,起到安全、保存或采集地下资源等作用。

地下空间往往被用作宗教建筑、陵墓、采矿场、水利工程、仓库、军事地道等。例如在修建埃及金字塔时就开始了地下空间的建设(图1-3),在狮身人面像的地底下存在一个规模庞大的地下建筑群;公元前 2200 年间的古巴比伦王朝,为了连接宫殿和寺院修建了长达 1 km 并横断幼发拉底河的水底隧道;而远在中国的秦始皇地下陵园范围 56.25 km²,相当于近 78 个故宫,地下空间面积之大在世界上亦实属罕见;同时期的罗马帝国也修筑了许多隧道工程,包括供水设施及下水管,有的至今还在使用;之后,人们对地下工程的探索也从未止息过。1628 年,在法国路易八世母亲的授意下,阿苏埃设计修建了一个伟大的引水工程,从 13 km 之外引导泉水通过地下管道流到巴黎,解决了巴黎当时的供水问题,而如今巴黎城区附近依然有许多当年采掘石膏留下的矿坑,有的高达数十米(图 1-4)。

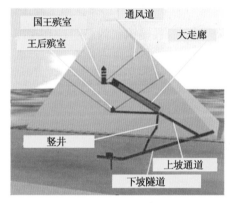

图 1-3　埃及金字塔剖面图

图 1-4　巴黎附近石膏矿坑

3. 第三个阶段:近代城市地下空间利用阶段

近代城市地下空间的利用主要是进行基础设施建设。在 18 世纪第一次工业革命到 19 世纪第二次工业革命之间,依附于城市基本道路在地下空间修建城市基础设施(市政管线层)形成了城市地下空间开发利用的最浅层。

1863 年,世界上第一条地铁伦敦大都会铁路诞生(图 1-5),这标志着近代城市大力开发地下空间的时期已经到来,世界各地开始了对地下空间有效利用形式的挖掘。在法国巴黎,不仅有世界著名的巴黎地下排水道(图 1-6),还有地下压缩空气管道。德国建有规模巨大的地下防空工事,可以抵御空袭、爆炸等外来威胁。波兰南部的克拉科夫市东南部名为维耶利奇卡的古老盐矿在 1978 年被列入最高级别的联合国世界文化遗产,其内部还建有一个地下教堂。

图 1-5　伦敦大都会铁路

图 1-6　巴黎蒙苏里半地下蓄水池

4. 第四个阶段:现代城市地下空间利用时代

现代城市中主要是对地下空间进行综合利用。20世纪初出现多以轨道交通系统为骨架,以轨道交通车站为节点,构建地下综合体,形成了商业、交通等多功能聚集的地下空间开发利用的第二层次:地下交通层。

自世界上第一条地铁在英国首都伦敦诞生,世界各地的大型城市开始以地铁建设为核心开发地下空间。1900年起巴黎地铁开始运行,至今巴黎地铁总长度达220 km,年客流量已达到15.06亿(2010年);1927年,日本东京第一条地铁线路开通,发展至今已有13条地铁线路遍布于东京地下2 200 km²的城区。20世纪中叶,发达国家在城市地下开始建造地下商业街,例如:法国巴黎拉德芳斯地下城(图1-7)、加拿大蒙特利尔地下城、美国纽约曼哈顿高密度空间、日本东京及大阪梅田地下街(图1-8)等。地下商业街往往可以将车流空间与人行空间相分隔,提高交通效率和城市活力,避免人车混杂的现象产生。地下街在城市规划史上也可以称之为一大创举。

图1-7 巴黎拉德芳斯地下城
资料来源:http://www.photofans.cn/album/showpic.php?
year=2010&picid=985727

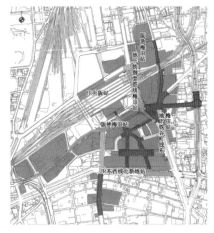

图1-8 大阪梅田地下街示意图

20世纪末,以地铁、地下街、地下综合体、地下换乘枢纽等构成的地下空间网络形态基本趋于完善。地下开发呈现出深层地下空间开发利用的趋势,影响地面环境的设施地下化,同时对地下空间开发更加注重生态化。

1980年后,国际隧道协会提出了"大力开发地下空间,开始人类新的穴居时代"的倡议,得到了广泛响应。日本也提出利用地下空间把国土扩大10倍的设想。很多国家也把地下空间的利用,当作一项基本政策来推进其发展。

中国对地下空间的利用同样有着悠久的历史。在中国西北地区,由于黄土高原特殊的地形、地质条件以及区域经济长期落后,至今仍有三四千万人居住在窑洞中。在20世纪六七十年代,中国曾建设了一批地下工厂、早期人防工程和北京、天津的地铁等。20世纪末,我国开始大力开发城市地下空间,将城市公共交通,如轨道交通、隧道、高速路等转移至了地下,在地下建造大型综合体,结合地铁站与铁路客运站、停车场等设施,这些设施共同形成了城市地下综合交通枢纽。如今随着中国城市快速发展的需要,人们对地下空间开发利用的需求也会越来越迫切。

1.2 地下空间的类型

地下空间是指地球表面以下岩层或土层中由天然形成或人工开发形成的空间。在人类对地下空间的开发利用中,地下空间也在经历着不断的演化,从初始的主要人防工程逐渐发展成多种多样的空间形式,满足人们生活上的各种需求。

1.2.1 地下交通空间

主要包括城市地下步行道系统、地铁、城市地下快速路、互通式地下立交、大型地下枢纽和地下停车场。

1. 地下步行道系统

地下步行道可以将建筑与建筑在地下连接起来,并通过商业设施、交通空间、下沉式广场等设计营造出丰富多彩的空间形式,其对天气的适应性也很强,不需要受室外环境的影响,从而可以进行各种商业、文化等交流活动(图1-9)。

图 1-9 某地下商业街

资料来源:http://gzdaily.dayoo.com/gb/content/2004-08/
12/content_1674674.htm

2. 地铁

实践证明,地铁可以有效缓解地面交通压力,如今中国已有 22 个城市建成或正在建设地铁。地铁俨然已经成为城市交通中的主要力量。相较于其他交通工具地铁有很多优点,比如:运量大,运输能力是地面公交的 8~11 倍;速度快,地下时速可超 100 km;减少污染,因为以电力作为动力,不会污染空气。图 1-10 为世界各地轨道交通情况。

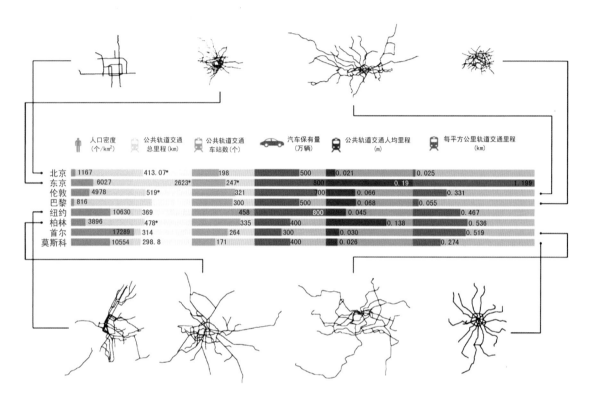

*各城市地铁线段地图由 Neil Freeman 制作,均为等比例大小,数据截止至2010年　*北京公共轨道交通总里程包含北京城铁77.07km
*东京公共轨道交通总里程包含东京地下铁195.1km、都营地下铁130.9km线路、2条单轨线路33km,以及私铁线路1147km和JR铁路1117km
*东京公共轨道交通车站数没有包含JR和私铁的通勤线路　　*伦敦公共轨道交通总里程包含伦敦地上铁86km和码头轻铁31km
*巴黎公共轨道交通总里程包含巴黎城铁587km　　*柏林公共轨道交通总里程包含柏林城铁331km

图 1-10　世界各地轨道交通情况示意图

资料来源:http://data.163.com/12/0220/02/7QM1JDLM00014MTN.html

3. 地下快速路

快速路的建设模式总体分为三种:高架、地面、地下,其主要的断面形式如图 1-11 所示。

在土地资源珍贵的大城市,大面积扩展地面道路建设并不可行,中国工程院钱七虎院士认为,发展地下快速道路建设非常适合人多地少的中国国情。地下快速路如今在大中型城市已经开始应用,由于没有站台建设,没有信号控制系统,其造价比地铁低一半,运行过程中开支也不高,并且如果把环境货币化,把收集的尾气排放和处理费用算进去,地下快速路的建设造价其实并不高。而且作为地面道路的延伸可以有效分流交通,避免雨雪天气的影响,在长期建设中必能展现其治理交通拥堵和空气污染的效果。

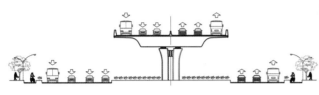

(a) 高架快速路断面示意图

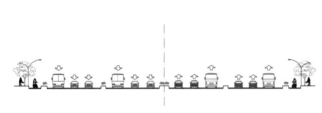

(b) 地下快速路断面示意图

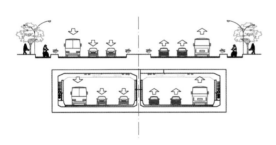

(c) 地面快速路断面示意图

图 1-11 快速路断面示意

4. 互通式地下立交

互通式地下立交是近几年出现的新形式,并在大城市中有着广阔的潜在需求。在快速干道与其他道路的交叉节点,一般采用立交桥形式,或互通,或跨越。而近几年随着经济和技术发展,以及对城市发展建设观念的改变,对景观和环境的要求提升到了新的高度。与以往立交桥相比,地下互通式立交可以有效改善地面商业环境和城市景观,并且将交通引入地下,减少大规模明挖。如今新建成的南京青奥轴线地下交通工程(图 1-12,图 1-13),总开挖土方为176 万 m³,呈 T 字形结构布置,共设置了 11 条匝道,各种地下隧道、匝道立交和地下空间叠落交错,形成了错综复杂的地下三层互通立交结构。

图 1-12 南京青奥轴平面图
资料来源:http://roll.sohu.com/20140518/
n399707583.shtml

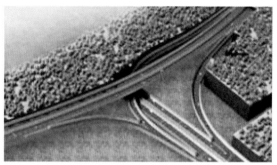

图 1-13 南京青奥轴下立交透视图
资料来源:http://wap.beijing.edeng.cn/jiedaoxinxi/
77959270.html

5. 地下停车场

地下停车场作为地下静态交通的主要形式,已经覆盖了城市建设的大部分地块,在很大程度上缓解了地面交通压力,主要解决了城市停车难的问题,并且在经济上有较大的优势。

6. 大型地下交通枢纽

如今的交通状况特别严峻,出行成本增加,特别是在城市的重要枢纽节点,如火车站、长途客运站、机场、港口等地方,由于交通量大、交通方式多样,很容易造成拥堵,导致城市整体交通运行不畅。为了缓解这种情况,实现各种交通方式的零换乘,建设大型交通枢纽成为当务之急。近些年,在我国的许多大城市都修建了此类大型地下交通枢纽设施,将航空、高铁动车、地铁站点、公交的士以及各种服务设施有机地结合起来,如上海虹桥综合交通枢纽(图 1-14)、天津西站交通枢纽等。

图 1-14 上海虹桥综合交通枢纽透视图
资料来源:上海市政工程设计研究总院

虹桥综合交通枢纽位于上海市中心城西部,规划范围 26 km²,核心区约 1.4 km²。该枢纽将服务远距离的航空、高速列车,服务长三角中等距离的城际列车、长途巴士,以及城市轨道交通、公共交通等综合设施有机衔接,充分满足了不同服务范围出行在不同交通方式之间的换乘需求,并将磁悬浮引入综合枢纽中,实现了航空旅客在虹桥机场和浦东机场之间的快速周转,并与长三角腹地密切联系起来。

1.2.2 地下市政公用设施空间

市政公用设施是城市赖以生存的物质和能量(包括信息)的供给血脉,城市的快速发展需要血脉系统的不断扩容。保证城市供给所需的物质能量快速运输的综合管廊,能实现市政管线在不重复开挖情况下进行维护、监控和扩容,提高市政管线的集约投资效益和城市血脉系统的供给稳定性与高效性。

城市地下管道综合管廊,又称"共同沟",即在城市地下建造一个隧道空间,将市政、电力、通信、燃气、给排水等各种管线集于一体,彻底改变以前各个部门各自建设、各自管理的凌乱局面。例如上海浦东张杨路综合管廊工程于 1992 年建设施工完成(图 1-15),一改以往沿道路地上地下肆意张拉铺设的现象。因此,在城市发展建设的过程中,综合管廊的建设应具有超前意识,这将为今后城市地下空间的开发预留出充足的空间。

图 1-15 上海浦东张杨路综合管廊工程
资料来源:上海市政工程设计研究总院

在新中国建设初期以及现在很多地方城市中,电力电缆、通信电缆等线路通常采用架空方式,上下水管网、热力管网等小口径的管道常采用开槽铺设的方式,地下通道等地下交通道路一般采用明挖法。这些施工方法不仅提高了维护成本,影响了地面交通,而且严重影响市容景观,见图 1-16(a)。

(a) 传统管道开槽铺设   (b) 微型隧道施工

图 1-16 传统管道开槽铺设法与微型隧道

资料来源:http://www.51sole.com/b2b/cd_29269953.htm

微型隧道(microtunnelling)是小直径的顶管施工方法,见图 1-16(b),其所适用的管道内直径小于 900 mm,通常被认为无法保障人在里面安全工作。所以往往采用在地表遥控的办法来操纵地下钻掘机械成孔,同时顶入要铺设的管道。它可准确地控制铺管方位,有效地平衡地层压力,控制地面沉降,实现非开挖铺设地下管道。与"挖槽埋管"工法相比具有不影响交通、不破坏环境、无需大量运输堆放杂土、无噪声干扰、不产生沉降,施工周期短等优点,具有显著的社会和经济效益。目前非开挖铺管技术已经在北京、上海、郑州、无锡等20多个城市开始应用。虽然该技术在我国刚刚起步,但是推广应用的前景却相当乐观。

1.2.3 地下公共服务空间

在城市的核心区域,城市商业、文娱等活动非常密集,遵循空间效益的分布规律,在核心区的低层和地下浅层空间往往会形成集各种功能于一体、地上地下功能协调的公共服务综合体。并结合轨道交通,地下步行街的建设增强地下公共服务空间的可达性。

地下商业街最先由日本发展起来,是解决城市发展矛盾的一条有效途径。地下商业街的主要功能是解决交通问题,街道的两边渐渐发展出商铺等商业设施,多为小中型商店及餐饮娱乐,之后逐渐发展成为地下综合体。地下商业街的发展对地面商业是一种补充,促进区域经济效益的增长并且对城市的道路景观,交通状况等起到很好的改善效果。

地下场馆可包括游泳池、文娱厅等。作为公共活动载体的文化娱乐设施开始越来越多地修建在地下。由于地下环境的恒温、防护等特点,适宜游泳馆、档案馆以及要求较少光线的展览厅等的建设,比如乔治城大学在体育场下面建设的雅特斯体育馆、挪威的季奥维克游泳池、芬兰赫尔辛基的地下岩石教堂(图 1-17)、法国国家图书馆(图 1-18)等。

图 1-17 芬兰地下岩石教堂
资料来源：http://www.mafengwo.cn/travel-news/129818.html

图 1-18 法国国家图书馆
资料来源：http://www.ithome.com/html/it/124240.htm

1.2.4 地下仓储空间

地面或露天储存虽然运输比较方便,但是要占用大量地面空间,并且为了满足储存所需的条件可能要付出较大的经济代价。而地下储库一般属于深层地下空间,多位于地表 30 m 以下,属于深层地下空间利用。由于其恒温、恒湿、耐高温、耐高压、防火、防爆、防泄漏等特点,适于各种物资,如液化气、石油等能源物资的储藏,还可作为粮食库(图 1-19)、地下冷库等。与地面同类储库相比,地下仓储具有很好的防护性能、热稳定性和密闭性等。

图 1-19 杭州 803 地下粮库

图 1-20 地下物流系统平面布置图

1.2.5 地下物流系统

城市地下物流系统(underground logistics system,ULS),又称城市地下货运系统(underground freight transport system,UFTS),就是将城外的货物通过各种运输方式运到位于城市边缘的机场、公路或铁路货运站、物流园区(CLP)等,经处理后进入地下物流系统(ULS),由地下物流系统运送到城内的各个客户(如超市、酒店、仓库、工厂、配送中心等)。城内向城外的物流则采取反方向运作(图 1-20)。面对城市交通量的日益增长,尤其在人口密集地区城市货运的通达性和质量将受到严重制约。城市地下物流系统作为一种具有广阔应用前景的新型城市物流系统,可以有效缓解城市交通拥堵,降低城市交通事故率,同时能避免天气的影响,提高城市物流效率。地下物流系统的运输工具由于采用了电力驱动,在地下运行可以实现污染物零排放,改善城市生态环境,并能保护城市中历史文化遗产。此外,地下物流系统也在一定程度上大力支持了电子商务发展,满足了未来电子商务对城市快速物流的需求,特别对一些生鲜冷冻食品和对时间要求较高的货物运输提供了很好的解决方案。图 1-20 和 1-21为比利时安特卫普港地下物流系统示意图。

(a) 集装箱装卸   (b) 集装箱进入地下隧道

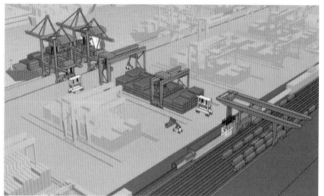

(c) 地下集装箱运输   (d) 集装箱堆放

图 1-21　比利时安特卫普港地下物流系统概念方案图

1.2.6　地下防灾空间

　　贯彻平战结合的原则,地下空间应同时具备防灾与其他两种以上功能,发展功能复合型地下空间。地下交通、地下公共服务空间应同时作为灾害发生时的掩蔽场所,并在设计时考虑作为相应的疏散通道、抢救医疗和战时指挥中心等功能设施的配套,提高城市的整体防灾能力。如遍布巴黎城区宏伟的地下排水道也可以作为城市的地下防灾空间,见图 1-22。

在我国,地下的防灾空间主要是人民防空工程,也叫人防工事,是为保障战时人员与物质掩蔽、人民防空指挥、医疗救护而单独修建的地下防护建筑,以及结合地面建筑修建的防空地下室。

图 1-22　巴黎地下排水道

资料来源:http://news. hexun. com/2012-07-22/143841807. html

1.2.7　地下综合体

地下综合体是在近几十年间发展起来的一种新的建筑类型,是多种地下构筑体的综合设置。随着城市集约化程度越来越高,人们对地下空间的综合利用要求也不断提高,地下综合体这一新型建筑类型应运而生。

欧洲、北美和日本等发达国家中的一些大城市,在新城镇建设和旧城市再开发过程中,都建设了不同规模的地下综合体,集市政、交通、商业及各种公共活动于一体的地下综合体已成为现代大城市象征的建筑类型之一。地下综合体大致可以分为三种类型:一种是新建城镇的地下综合体;一种是与高层建筑群相结合的地下综合体;还有位于城市广场和街道下的地下综合体,主要为实现人车分流和缓解地面停车压力而设立。地下综合体主要包括以下设施:

(1)地铁、地下道路以及地面上的公共交通之间的换乘枢纽,由集散厅和各种车站、换乘枢纽组成;

(2)地下过街人行通道、地下车站间的连接通道、地下建筑之间的连接通道、地面建筑出入口、楼梯和自动扶梯等内部垂直交通设施等;

(3)地下公共停车库;

(4)商业设施和饮食、休闲等服务设施,文娱、体育、展览等公共设施,办公、银行、邮局等业务设施;

(5)用于市政公用设施的综合管廊;

(6)综合体本身所使用的通风、空调、变配电、供水排水等设备用房和中央控制室、防灾中心、办公室、仓库、卫生间等辅助用房,以及备用的电源、水源、防护设施等。

图 1-23 为上海五角场地下综合体示意图,包括了五角场下沉广场、地铁站、购物商场、地下

长廊等。

(a) 五角场下沉广场鸟瞰

(b) 五角场地铁站

(c) 购物商场

(d) 地下长廊

图 1-23　上海五角场地下综合体

资料来源：上海市政工程设计研究总院

1.3　地下空间的特点

不同于地面空间,地下空间具有很多特殊的环境特点,开发地下空间必须要了解地下空间的环境属性,而其很多属性特点本身便有较大的低碳优势。

1. 高防护性

地下空间具有高防护性,指在一定的工程防护措施后,对各种现代武器的袭击具有相应的防护能力,对核武器的光辐射、空气冲击波、放射性污染等主要危害可以进行有效的保护。

2. 热稳定性

由于地下空间与大气环境相隔离,越往地下深处越受外界环境的影响小,往往地表 10 m 以下的空间可以认为不受外界的影响,并且由于土壤的热惰性使地下空间表现出冬暖夏凉的特点。

据计算监测结果显示,上海市地表 5 m 以下,地层温度基本稳定于年平均气温 16.7 ℃。

3. 封闭性

由于地下空间被岩土介质所包围,所以具有较好的封闭性,适宜储存多种物质。但是因其采光和通风效果差,使得人们在内部的活动产生较大限制,往往只能进行一些有限制的活动。

4. 内部环境易控性

由于地下空间内部环境较为封闭,所以可以对其热环境、光环境、声环境等进行人为的有效控制,适宜对内部环境有较高要求的设施,如电视、电影的演播录制室,医疗手术室等。

5. 低能耗性

由于地下空间提供了一个长期的热储存器和热吸放系统,其热稳定的特性可以大大节省空调的使用。在新能源利用方面,可以依据其稳定的温度分别在夏、冬两季提供相对较低的制冷温度和较高制热温度,适于地源热泵的使用。

6. 碳汇性

地下空间一般处于封闭的地下环境中,通风换气问题显得尤为关键。同时,在地面以下,二氧化碳等温室气体容易聚集,因此在地下空间的一定部位布置用于碳汇的装置或仪器可以对二氧化碳等温室气体进行吸收,并且可以方便受污染的空气集中过滤后再排出,减少汽车尾气等对城市空气环境的污染。

地下空间也常常表现出环境潮湿、通风不畅等不利的一面,同时地下开发在结构上对土质等要求较高,在上海等软土地区往往具有不易开发性。所以要根据实际情况有效利用其优势特性,规避其不利特性,在城市建设开发中有针对性地进行地下空间开发利用。

1.4 低碳地下空间的相关概念

1. 低碳

低碳(low carbon)意指较低(更低)的温室气体(以二氧化碳为主)排放。它要求城市经济以低碳经济为发展模式及方向,城市生活以低碳生活为理念和行为特征,城市管治以低碳社会为建设标本和蓝图。低碳经济可让大气中的温室气体含量稳定在一个适当的水平,避免剧烈的气候改变,减少恶劣气候对人类造成的伤害。

2. 低碳建筑

低碳建筑(low carbon buildings)是指在建筑设计阶段有着明确而详细的减少温室气体排放的方案,在建筑生命周期内建筑材料与设备制造、建造、使用和拆除处置各阶段温室气体少排放甚至是零排放的建筑,其目标是在建筑全生命周期内尽量减少温室气体的排放,减少对气候变化的影响。近年来,低碳建筑已逐渐成为国际建筑界的发展趋势。当前,中国工程建设所消耗的能源约占全社会总能耗的30%,伴随建设活动所排出的废弃物约占城市废弃物的40%左右,而预计2030年建筑业产生的温室气体将占全社会排放量的25%。如何减少建筑建造、使用和拆除处置过程中产生的碳排放量、发展低碳建筑是低碳社会对建筑业发展的时代要求。

3. 生态建筑

生态建筑(ECO,eco-build 的缩写),是根据当地的自然生态环境,运用生态学、建筑技术科学的基本原理和现代科学技术手段等,合理安排并组织建筑与其他相关因素之间的关系,使建筑和环境之间成为一个有机的结合体,同时具有良好的室内气候条件和较强的生物气候调节能力,以满足人们居住生活的环境舒适度,使人、建筑与自然生态环境之间形成一个良性循环系统。

4. 建筑生命周期

建筑生命周期(building life cycle),不同学者对其有不同的定义,一般认为是指建筑产品从萌芽到建筑物拆除的整个过程,包括建筑材料的生产、加工和建筑安装施工,运行维护及拆除处置等阶段。而建筑生命周期分析,即是用生物学生命周期思想与社会有机体理论及系统理论,将建筑看作产品系统,然后应用工业产品生命周期思想进行的分析。

5. 建筑生命周期的碳排放

建筑生命周期的碳排放(life cycle carbon emission for building)是指把建筑产品的全生命周期看成一个系统,该系统由于消耗能源、资源而向外界环境排放的总碳量。需要指出的是,建筑物使用阶段的碳排放仅由采暖、通风、空调、照明等建筑设备对能源的消耗造成,不包含由于使用各种家用电器设备而导致的能源消耗与碳排放。例如,使用洗衣机所消耗的电能而产生的碳排放,由于不是为实现建筑功能所产生的,所以就不包含在建筑生命周期碳排放中。

6. 生态地下空间

生态地下空间(ECO underground space)是指在全生命周期内,最大限度地节约资源(节能、节地、节水、节材),保护环境和减少污染,为人们提供健康、适用和高效的使用空间,是与自然和谐共生的地下建筑。

生态地下空间作为一种生态建筑,同样遵循全球人居可持续发展战略,实施国际上公认的三大主题:以人为本,呵护健康,舒适;资源的节约与再利用;与周围生态环境相协调与融合。目前国际上对生态建筑的要求包括以下几个方面:

(1) 合理规划;

(2) 围护结构节能;

(3) 利用可再生资源;

(4) 节约水资源;

(5) 室内装修简洁舒适,化学污染和辐射要低于环保规定指标;

(6) 提高人均绿地面积,改善微环境。

7. 低碳地下空间

低碳地下空间(low carbon underground space)是指在建筑材料与设备制造、施工建造和建筑物使用的整个生命周期内,在满足使用环境要求前提下,减少化石能源的使用,提高能效,降低二氧化碳排放量。根据《上海市政基础设施低碳技术导则(征求意见稿)》,低碳地下空间评估标准如下:

（1）低碳规划；

（2）节地与地下空间集约化；

（3）节能和利用可再生能源；

（4）节水和中水利用；

（5）绿化储碳；

（6）节材和材料回收利用；

（7）运营和设备节能。

综上所述，低碳地下空间是一个高能效、低能耗、低污染、低排放的建筑体系，与"生态地下空间"的内涵基本一致，但它更加关注于建筑材料、设备到施工建造、再到建筑物使用的整个生命周期，采用生态建筑、节能技术、生态材料等，通过合理的开发强度，降低物耗，提高能效，实现建筑低碳化。

1.5 构筑低碳地下空间的理论框架

1.5.1 地下空间开发与低碳关系

地下空间的开发利用是现代城市建设中的重要领域，在地热能开发、能源资源储存、碳埋存、节约土地、保护环境与景观、建设紧凑型城市等方面具有重要作用与意义。但同时也具有开发的一次性成本相对较高、可逆性差等特征。在图1-24中分析了低碳发展的实现途径和地下空间利用的技术需求与资源供给的基本关系，显示出在低碳可持续发展方面，对地下空间的开发和利用具有较强的直接和间接作用，并具有综合性和复杂性特征。

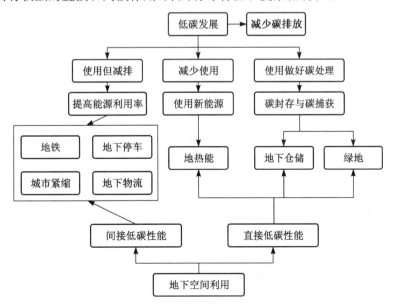

图1-24 地下空间开发与低碳关系示意图

资料来源：阚兴德，祝文君.地下空间利用与低碳发展[C].杭州：第八届全国土木工程研究生学术论坛，2010.

根据地铁-TOD(transit orient development)、地下停车、地热能、地下存储、绿地扩大的低碳性能作用方式不同,从减少碳排放、使用新能源、碳捕获与碳封存等三个角度切入,分析其低碳量化关系。将地铁-TOD、地下停车归结为减少碳排放的角度;地热能归为使用新能源的角度;绿地和地下仓储归为碳捕获和碳封存角度。

地下空间的利用具有较好的低碳性能,地铁-TOD 和地下停车都是有效的减排途径,地热能利用更是充满前景。因此,应给予地下空间的开发足够的重视,结合地方经济和社会需求的情况,进行科学有序的开发,不顾质量盲目追求效率或是不顾需求的过度开发,反而会不利于低碳发展。地下空间具有封闭性,在开发过程中需要考虑地面土地的利用情况和周围环境的岩土结构以及地质水文条件。如今的地铁-TOD 开发还不是很充分,大多只是与地铁联合开发,规模比较小,而实际需要制定地铁站-周边地区-整个区域的长远规划(图 1-25);地下停车场设施比较简单,与地面系统的联系较弱,往往会发生在地面难停车而地下车位还空置的情况,建立有机的地下停车系统十分必要,并提供智能引导服务,方便车辆寻找车位,提高交通效率、减少能耗和排放。地热能是可再生能源,虽然初始投入较高,但回报持续稳定,在冰岛、荷兰等国的能源结构中已经占有相当比例,而在我国尚处于起步阶段。开发利用地热能,不仅能够改善我国的能源结构,减少碳排放,还有利于能源可持续发展。

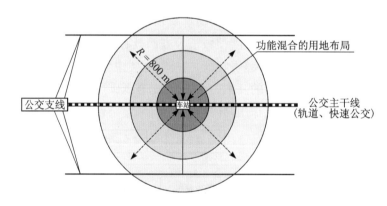

图 1-25　地铁-TOD 模式示意图

资料来源:http://bbs.shejiqun.com/forum.php?mod=viewthread&tid=22937

1.5.2　地下空间低碳化设计

对于建筑来说,低碳化设计意味着整个设计、建造、使用与废弃环节都要考虑到低能耗、低污染与低排放,所以在考虑建筑功能设计的同时要兼顾建筑的易拆除设计、节约资源设计和可再生能源利用设计等。对地下空间的低碳设计而言,由于地下工程的不可逆性,较难进行拆除或更新设计,但其他方面的设计仍是必需考虑的。

1. 对场地属性的考虑

在地下空间的低碳化设计中,设计师们需要更多地考虑建筑的环境属性,不提倡特意追求标志性的建筑,而是要依据其环境的特点设计适合于该环境的建筑工程,对地形的有效利用可以减少工程土方量,而对风向以及光线的把握可以减少在使用过程中的能耗。

2. 对材料的高效利用

低碳地下空间设计节材策略的直接经济效益来自建筑垃圾减排。首先,建筑与室内设计一体化可以减少室内设计系统中不必要的材料损失和能耗。其次,充分利用材料的特性,将材料特性与建造紧密地结合起来,采用高性能、低材耗、耐久性好的新型建筑体系。比如使用可再生材料、便于搭接拆卸的拼装材料,可以减少施工周期,节约施工成本,并且可以减少施工现场的材料浪费。

3. 对空间的高效利用

空间的高效利用可以降低总体的面积需求。对地下大量的交通空间及仓储空间的高效利用,可以有效降低能耗。同时,地下空间的再度利用也是地下开发进入良性循环的有效手段,是城市发展的新契机。

4. 屋面的绿化碳汇

蓄水、架空、覆土种植屋面是目前比较常见的屋面保温隔热设计方式。屋面种植不仅可以创造良好的景观环境,而且可以利用雨水收集,水分蒸发等净化空气,调节周边环境温度,缓解城市"热岛效应"。

5. 低碳设计与 BIM 相结合

在设计初期,很多时候建筑师只是凭借相关经验对建筑的能耗进行约估,但是往往判断失误。因此,在设计初期便建立建筑能耗模型成了大家的共识,而如今的计算机软件的发展让更多人愿意涉足了解这一领域。BIM 软件所建立的虚拟建筑模型包含了大量的从建筑材料到建筑构件、建筑结构等多方面的信息,并与能量分析工具相结合,使建筑师可以在方案阶段便实现碳足迹、能耗、能量平衡等的评估。

1.5.3 地下空间低碳化评估

地下空间低碳化评估对于地下空间的低碳化发展有着极其重要的指导作用。该评估可以反映不同建筑的低碳特性,可以帮助有效实施相关的节能策略,还可以使低碳化设计有章可循,对其低碳效应有较为明确的评价。

地下建筑在申请评估之前首先保证其规划、设计、施工、运营等都符合国家的建筑法规和标准,这是地下建筑参与评估的前提。地下建筑的评价体系中没有涵盖建筑物的基本功能和性能要求,而是着重评价与低碳性能相关的指标,如节地、节水、节能、节材、室内质量等。当建筑不满足其他要求的相关建筑法规和标准时,不能申请进行低碳评估。

地下建筑在申请评估时应当按照相关要求提交规划、设计、施工阶段的相关文档。由于评估体系是针对于全寿命周期内建筑的表现,对于已经建成的地下建筑来说,如果没有足够的资料,其规划、设计、施工状况就不能得到全面的反应,因此必须辅以相关的文档。若要申请新建、扩建、改建地下建筑的评估,应该在其投入使用一年后再进行。因为只有在其各项指标如节能、节材、节水、运营等趋于稳定时,才能真实地反映其低碳性能。

建筑节能评估机构应当为建设单位及建筑设计单位提供全过程的专业化节能设计咨询服务。节能评估工作应在建筑项目方案设计阶段结束之后、施工图设计阶段结束之前完成,最佳时机应在施工图设计开展之初,各专业设计方案确定之后。这样可以方便地根据评估结果进行相应建筑细节的修改。审查阶段是在建筑施工图设计送审、城乡规划主管部门核发建设工程规划许可证之前完成,由相应的建设主管部门组织专家对节能审查申报材料进行评审。其流程图如图 1-26 所示。

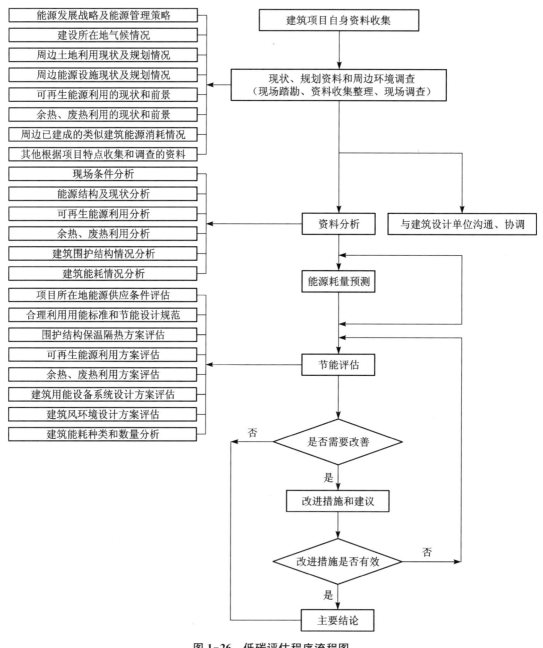

图 1-26　低碳评估程序流程图

资料来源:浙江省住房和城乡建设厅

2　国内外研究现状

自 21 世纪以来，人们很重视发展地下工程，充分利用地下空间。随着节能减排和低碳经济日益受到关注，开展地下工程的节能减排研究与工程建设，是遵循人类社会发展规律和顺应当今世界发展潮流的举措。

国内外已在地下空间的节能价值研究、公共建筑（地下空间）能耗分析、建筑碳排放计量以及碳排放计量软件等相关领域都有一定的研究，并且分析了现存建筑的一些节能优势以及在节能评估和碳排放计量方面存在的一些问题。在建筑碳排放计量方面，一些学者分析了碳排放的计量范围和要素，并针对建筑全生命周期或其中某一阶段的碳排放提出了相应的计算方法。

2.1　地下空间开发利用现状及节能价值研究

1863 年英国伦敦建成世界上第一条地铁，以此作为世界地下空间开发的开端。从大型建筑物的地下部分发展成为地下城，地下市政设施从简单的地下供排水管网发展到大型地下供水系统，大型污水处理系统，垃圾处理及回收系统等大型综合地下管网。刘子言于 2011 年在《城市地下空间低碳效益研究》中对比分析了一些国家，如日本、美国、瑞典等在地下空间利用方面所取得的成就。相比之下，中国的地下空间建设还处于起步阶段。国内外整体的地下开发呈现：①综合化；②分层化与深层化；③城市交通和城际交通的地下化；④先进技术的不断成熟和运用；⑤市政公用隧道（共同沟）五个方面。中国地质大学王波认为，应对如今城市中出现的困难和挑战，比如人口增长压力、能源枯竭危机、环境危机、自然和战争灾害等，地下空间的开发是必经之路。

2003 年，天津大学万汉斌提出，中国对于高密度的研究应该从已经具备一定成熟度的"人口高密度"转向"建筑高密度"，并且迎合如今比较热门的紧凑型城市发展，提升土地的高密度混合，达到城市空间多功能与高度深度的并重发展。依据国内外案例，面对城市高密度地区的地下空间开发总结出几种典型的开发方式：①城市 CBD 地区一体化开发；②新城中心区地下空间一体化开发；③基于旧城保护的地下空间开发；④旧城高密度地区地下商业街开发。在面对高密度地区的交通组织方面提出 TOD 模式引导空间的一体化开发，倡导以交通走廊为发展轴，以交通站点特别是大容量的轨道交通站点为发展节点，周边建设高密度、混合功能的适于步行的社区，从而形成紧凑型网络化的城市空间形态。

2012 年，华南理工大学郑怀德梳理了地下街、地下城、地下综合体和地下城市综合体作了辨析。地下街的称谓主要来源于日文"地下街"（或"地下ストリート"）的直译，日本及我国台湾地区的定义如今依旧沿用此称谓，相关的研究在日本最为丰富。1930 年，在日本东京上野火车站的地下步行通道两侧开设了商业柜台，从此开始形成了地下商业街。而近些年日本在新建地区，如横滨的港湾 21 世纪地区，及旧城区的更新改造，如名古屋大曾根地区、札幌的城市中心区，都规划并实施了地下空间的开发利用，日进出地下街的人数达 1 200 万人次。地下城（underground city）是在欧美国家中存在的另一种地下城市形态的称谓，是一个随着技术发展和认识深化不断发展完善中的概念。早期地下城这个概念被认为是"一系列防御避难所、居住、工作或购物场所、运输系统、酒窖、贮水设施和排水管中一种或多种空间相互连接形成的地下空间",如公元5世纪前土耳其安纳托利亚高原卡帕多西亚(Cappadocia)地区的地下城。但是随着如今城市问题的日益突出和科学技术的不断进步,自20世纪以来,人们对未来地下城市的设想不断出现,如菲利普·布基教授关于地下城市有一系列的设想(图2-1)。地下城被认为是"在道路街面以下连接建筑物的地下通道网络,这些地下通道可容纳办公大楼、商场、地铁车站、剧院和其他景点,而这些空间通常通过建筑物的公共空间相连,有时也会单独设立",如加拿大蒙特利尔地下城(montreal' underground city,图2-2)。

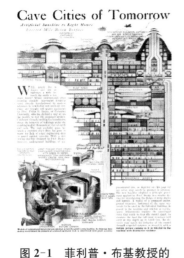

图 2-1　菲利普·布基教授的
"地下城市设想"

资料来源:《基于城市视角的地下城市综合体
设计研究》,郑怀德著,2012

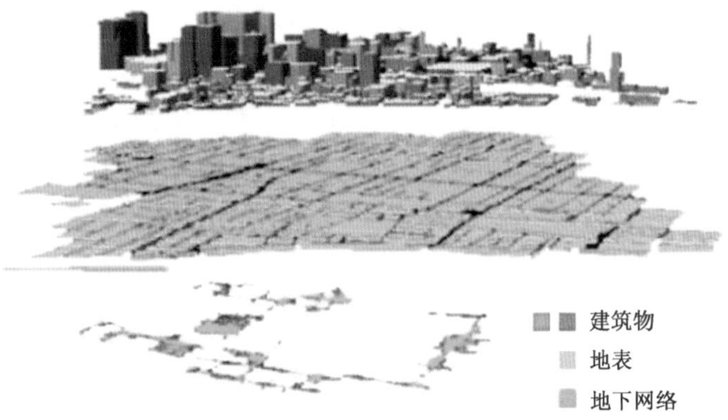

图 2-2　加拿大蒙特利尔地下城总平面图

资料来源:《基于城市视角的地下城市综合体设计研究》,郑怀德著,2012

■ 建筑物
　 地表
　 地下网络

蒙特利尔地下城位于加拿大第二大城市蒙特利尔威尔玛丽区地下,长达17 km,总面积达400万 m²,步行街全长30 km,连接着10个地铁车站、2 000个商店、200家饭店、40家银行、34家电影院、2所大学、2个火车站和1个长途车站。它的开端也是由地下街发展而来的,由于加拿大漫长而寒冷的冬季,人们往往适应于在地下活动,而很大程度上因为有世界上最大的地下城的存在,蒙特利尔市被评为世界上三大适宜人类居住的地方之一。

而目前使用的地下综合体(underground complex)、地下城市综合体(underground urban complex)这两个概念,是我国学者童林旭教授在总结前人的基础上提出的,地下综合体是"伴随城市的立体化再开发,多种类型和多种功能的地下建筑物和构筑物集中到一起,形成的规划上统一、功能上互补、空间上互通的综合地下空间"。而李迅则跳出就地下论地下的框架,从地下城市综合体与城市关系的角度将概念定义为,"在地下建设以三维方向发展的一种地上与地下系统联系、输送、转换的联结网络,并结合商业、存贮、事务、娱乐、防灾、市政(包括公有私有的)等设施,共同构成用以组织人们的活动和支持城市高效运转的一种综合性设施"。

同济大学金磊等总结出地下空间在建筑节能方面、交通节能方面、市政节能方面、新能源利用方面以及碳汇新技术的利用方面、防灾方面有很多低碳属性，从而可以实现市政设施地下化，交通设施地下化，公共空间地下化，应急、防灾设施地下化，地下综合体等低碳城市的建构。作者经过大量文献分析，总结出地下空间较地上空间低碳主要体现在以下几个方面：

（1）建筑：地下空间恒温，可以减少大量空调的能耗。

（2）交通：轨道交通作为大运量、低能耗的运输方式代替地面交通，可以解决大量人流的交通问题，并有效缓解地面拥堵，而且不会影响地面景观。

（3）市政系统：采用共同沟而杜绝"拉链式"道路的产生。节省了资源并且可以避免反复开挖城市道路对城市环境和交通的影响，减少了大量温室气体的排放。

（4）新能源利用：由于地下5~10 m的年平均气温基本稳定且大致等于年平均气温，可以分别在夏冬季提供相对于地面温度较低的制冷温度和较高的制热温度，方便利用地热能源代替化石能源。

（5）碳汇新技术：由于地下空间的密闭性结构，二氧化碳等温室气体容易堆积在地下，所以在地下车道利用吸碳装置汇碳并在通风换气时将空气过滤后再排放，以减少空气污染。

（6）防灾方面：由于地下空间受地层包围与保护，与地层协同作用可以有效防止地震等灾害的破坏，减少抗震结构建设时所需的建筑材料等。

作者还通过实例的研究在各个方面提出了相应的低碳效果量化方法。

2014年，华南理工大学的李展炜在研究了如今地下空间开发现状的基础上，对广州市万博商务区的地下空间综合开发利用的项目动因、建设特点、空间规划、形态规划、交通及市政、人防等分别做出分析，并对当地的土地利用情况和权属进行了探究。

日本札幌的札幌站前地下步行空间在历经6年建设后于2011年3月12日，也就是日本东海岸大地震，核泄漏事件后的第二天正式开放。连接火车站地铁南北广场札幌站与大通站之间的地下步行空间系统，总长约520 m，内部使用空间最小宽度达20 m，与日本传统的地下街不同，步行空间中完全没有固定零售商业设施，是一个巨大无障碍地下公共空间。设计者希望借此营造一个空旷的多元化空间来作为城市新的文化价值载体，并且将其赋予"地下广场"的概念，希望在其中设置一些公共的艺术展区，为人们提供一个公共活动和社会交往的场所（图2-3）。

图2-3　札幌站地下空间

资料来源：http://www.welcome.city.sapporo.jp/find/shops/chikaho/?lang=tw

2.2　适用于地下空间的节能技术和能耗研究

中国是一个建筑量大、建筑能耗高的国家。随着我国城市建设高速发展和城镇化逐步推进,建筑能耗(包括建筑建造能耗和建筑运行能耗)已超过工业能耗和交通能耗成为第一大耗能大户,约为全社会总能耗的 47%。其中以采暖、空调和照明为主的建筑运行能耗占建筑总能耗的 50%～70%,是建筑能耗的主要组成部分。目前,我国对于建筑节能材料和节能改造技术非常重视,相继出台了一系列节能法规和政策以推进建筑节能改造的实施和新建建筑节能的审核。近年来我国强制实施建筑节能已取得重大实效,在建筑节能材料和绿色建筑材料、节能设备的研究、绿色施工技术、绿色低碳检测等方面都取得了巨大的发展。节能技术的发展使室内环境提高舒适度的同时还使节省能耗成为可能,但由于地下空间的特殊性,我国地下空间的开发还处于起步阶段,对于地下建筑节能技术的研究主要还是依据普通建筑节能研究;由于技术包含面非常广,所以我国的低碳建筑也仍处于摸索和示范阶段。

后勤工程学院谭仪忠等总结了地下建筑的节能减排技术,包括尽量利用自然资源,如利用地热发电,地热供暖以及自然采光等;以及引进新技术、新材料代替原有的技术和材料来节约能源的消耗,还述及地下工程运营阶段的节能减排,如照明、通风。根据众多文献总结出地下空间建筑的能耗主要集中在采光能耗、空调暖通能耗、动力能耗等方面。根据徐州时尚大道地下商业街的能耗测量结果,表明最大的能量消耗是在有高制冷负载的 8 月份,另一个最大值是在有高取暖负载的 2 月份。年耗能的最大份额是照明,占 45%;第二位是空调能耗,占 44%;电梯及其他能耗占 11%。

其中在采光方面,马欣等于 2011 年对北京市的地下空间照明状况进行了调研与分析。地下空间既包括建筑主体的地下部分,也包括室外广场、绿化等场地的地下使用空间。从照明方式来看,地下空间主要是人工照明,也可以通过高侧窗或窗井进行自然采光。整体上地下空间的实际照度值大部分低于国家现行标准,其中住宅类的地下空间满意度最差。然而有高侧窗井的房间虽然实际照度值并没有多少提高但满意度会有所增加。停车场类地下空间的照明整体满意度也不高,但大多数人认为并无大碍。而商业、餐饮及活动类的地下空间由于多种照明方式的应用,照明效果最好,满意度也最高,大部分人表示并未认为自己身处地下空间。

恰当利用开天窗,中庭等方式可以有效减少采光能耗。2006 年,边宇等通过光线追踪法对采光井进行模拟和计算,从而对采光照明进行量化的研究。他们所做的研究就是采用不同形状的光线收集器,采光口形式以及不同参数采光在 CIE 标准的全云天下做模拟计算与统计分析,从而得出若干量化的设计原则。

在"零排碳"照明节能技术方面有光纤照明、导光管等,缺点是在没有太阳光时无法取光。任晋芳对太阳光自动跟踪采光照明系统进行了研究,基于太阳位置计算模型,根据太阳高度角和方位角分别控制调节控制系统跟踪轴,采用 PLC 计算发出脉冲,控制步进电机的转动速度,从而实现对太阳的自动跟踪。这样可以实现对太阳光利用的最大化。除此之外,冯守中、宋乐山等人研究发明了适用于地下工程的"多功能涂料及其制备方法"。王军等在《隧道节能照明发光涂料施工工艺研究》中对该蓄能发光涂料进行介绍。该涂料集发光节能、防水防火、降噪、安全逃生于一体,并且无毒、无害、环保,现如今已在安徽黄塔桃高速公路中村南隧道、汤口隧道、汪王玲隧道试验应用,并在安徽六武高速公路8个隧道中推广利用,取得良好的效果和社会经济效益。该涂料可将光源中200～400 nm的短波激发成可见光,增光节照,并可以将多余的光能储存起来。所以可以在保证同样亮度的情况下减少灯具,根据光源的不同可以提高照明照度20%～100%。

在空调暖通方面,哈尔滨工业大学的侯屹松于2010年以地下车库、地铁车站及区间隧道、地下商场和商业街作为我国地下空间的典型代表,对其用能现状和节能手段进行了分析。地下车库的能耗主要取决于通风量的大小,作者提出了排风系统全部采取上排的形式也足以有效排除汽车尾气污染物并节省投资的方案,并对诱导通风系统的优劣进行了辨析;在地铁车站以制冷空调系统节能为研究重点,从负荷计算、室内设计温度确定、运行制式选取等方面分析了如何减小设计空调负荷;在地下商场和商业街中,作者认为将新风量取为20 m³/(h·p)在一般情况下还是能够兼顾空气品质和节能两方面的。作者认为排风的热回收、冷凝热回收技术在地下商业建筑中有较大潜力。

2006年,解放军理工大学赵阜东等对地下建筑自然通风的可能性方面进行了研究,并借鉴地面建筑生态化方面的研究成果,形成了一套地下建筑生态化自然通风的基本模式。由于在地下空间风压通风有较大限制,所以建议利用热压通风,设计通风回路,注意进风处空气的洁净度结合风帽等机械通风设施对自然通风系统进行科学的设计,证实了依靠自然通风实现地下建筑的节能与舒适度的改善是完全可行的。

2010年,同济大学柳昆等提出应对于商务区低碳规划模式,地下空间规划重点围绕四个方面——空间布局、交通组织、能源利用、建筑设计来一一展开。在能源利用方面提出了建设分布式供能系统、雨水收集再利用系统、太阳能利用系统等多种技术。这些技术在上海虹桥低碳商务区地下空间规划中已有所应用。

日本学者尾岛俊雄提出了在城市次深层地下空间(−50～−100 m)中建立再循环系统的构想,就是变开放式的自然循环系统为封闭式的再循环系统。后者被称为城市的"集积回路(integrated urban circuit)"。例如,集中的供热、供冷系统对于空气的使用来说就是一个封闭循环;污水经过处理后重复使用对于水的使用就成为一个封闭系统(现称"中水道"系统);垃圾经过焚烧或气化后回收热能,也是一种封闭循环系统;将电力供应或某些生产过程中散发的余热回收,再重复用于发电或供热等等,都是封闭式的再循环系统。而将这些系统统一组织在一定深度的地下空间中,将会对缓和城市发展与资源不足的矛盾起到积极的作用。

还有学者大胆地提出建立能源的地下贮存和交换系统。地下空间的热稳定性和封闭性为大量贮存太阳能提供了可能性。将太阳能通过一定的介质(如水、空气、岩石等)进行热交换后贮存到地下空间中,在需要时,经管道系统输送到用户或再转化成其他能源,使用后的热能温度降低,经过循环系统再加热后重新注入地下空间贮存。如果将冬季自然界中存在的大量冷能贮存起来供夏季降温用,将夏季的天然热能贮存起来供冬季供热用,在春季和秋季则将库抽空,使之升温或降温,就可以基本上摆脱常规能源,完全利用天然能源形成城市的集中供冷、供热的再循环系统。这对实现人们对于未来城市的理想,无疑是十分重要的一个途径。

2.3　针对于现阶段建筑的低碳评估研究

绿色建筑在实践领域的实施和推广有赖于建立明确的绿色建筑评估体系,一套清晰的绿色建筑评估体系对绿色建筑相关概念的具体化,以及对人们真正理解绿色建筑内涵都起着极其重要的作用。对绿色建筑进行评估还可以为建筑绿色技术及材料提供一定的规范和标准,达到规范建筑市场的目的。如今全世界多个国家和地区分别开展了对绿色建筑的低碳评估体系研究,并有相应的标准和模拟软件。如美国的 LEED 绿色建筑评估体系、德国的生态建筑导则 LNB 等。2011 年,孙雪对其中主要国家和地区的评价体系做了总结和概括(表 2-1)。这些评估体系,基本上涵盖了绿色建筑的三大主题,即减少对地球资源与环境的负荷和影响,创造健康、舒适的生活环境,与周围自然环境相融合,并制定了定量的评分体系,对评价内容尽可能采用模拟预测的方法得到定量指标,再根据定量指标进行分级评分。而针对于建筑全寿命周期的评价体系正在相继建立和完善当中。

表 2-1　　　　　　　　　　　　各个绿色建筑评价体系比较

评价体系	国别	研究时间	全寿命周期评价	权重体系	评价等级	评估内容
BREEAM	英国	1990	涵盖英国的生态足迹数据库	二级	4 个等级	管理、能源、交通、污染、材料、水资源、土地使用、生态价值以及身心健康
LEED	美国	1995	无	一级	4 个等级	场地设计、水资源、能源与环境、材料和资源、室内环境质量和创新设计
GBTool	加拿大等	1998	具有多国数据库	四级	5 个等级	能源和资源消耗、环境负担、室内环境质量、设施质量、经济性能、绿色管理
CASBEE	日本	2003	具有日本全国的数据库	二级	5 个等级	能源消耗、资源再利用、当地环境、室内环境
DGNB	德国	2008	拥有庞大的数据和计算机支持	三级	3 个等级	生态质量、经济质量、社会综合质量、技术质量、过程质量以及场地质量
绿色建筑评价标准	中国大陆	2006	尚不健全	一级	3 个等级	室外环境、能源利用、水资源利用、材料资源利用、室内环境质量以及运营管理
HK-BEAM	香港地区	1996	借鉴英国的 BREEAM 体系数据库	二级	4 个等级	场地、材料、能源、水资源、室内环境质量、创新与性能改进
绿色建筑解说与评估	台湾地区	1999	尚在建立中			绿化指标、基地保水、水资源、二氧化碳减量、日常节能。废弃物减量以及垃圾改善

通过对不同国家及地区绿色建筑评价体系的比较可见,多数评价体系都关注建筑的全生

命周期,并且采用了碳排放定量和赋权定性相结合的评价方法。通过分析,作者梳理出了现阶段我国的绿色建筑评价体系的构建原则,指标内容和评估要点。对于评价中的主观因素,作者通过灰色多层次评价方法建立评价模型,使模型定量化,降低对专家打分的依赖性。并通过选用层次分析法,来得到最终低碳建筑评价指标的权重。

我国具有代表性的是《绿色奥运建筑评估体系》和《绿色建筑评价标准》。《绿色奥运建筑评估体系》中将评估过程分为规划设计阶段、设计阶段、施工阶段评估、调试验收和运行管理 4 个阶段。《绿色建筑评价标准》中分为住宅建筑和公共建筑两部分,依据节地与室外环境,节能与能源利用,节水与水资源利用,节材与材料资源利用,室内环境质量,运营管理 6 个方面进行评价。而2014 年新版的《绿色建筑评价标准》中增加了"施工管理"部分,评价阶段分设计评价与运营评价并且通过设置加分项来鼓励技术管理的提升和创新。之后还有《绿色超高层建筑评价技术细则》以及作为补充的《绿色建筑评价技术细则补充说明》针对超高层的节能评价作出指导。

2012 年,古小英等针对上海地区气候特点,采用 Dest-C 能耗计算分析软件,对使用各种节能措施的绿地翡翠国际广场 3 号楼进行节能技术评估。评估发现如今的公共建筑节能设计标准也尚待改进,例如空调设备的评估不全面,未给采暖、空调系统能耗的量化计算提供统一的依据等。上海建筑科学研究院的王琪等在 2010 年结合城市化高速发展中对地下空间开发的迫切需求,围绕地下空间的安全、生态、节能及内部环境的健康舒适对世博轴及地下综合体进行综合评价,对我国地下空间的可持续发展具有建设意义。赵金凌等利用 ANP 法建立低碳旅游景区评估模型,为低碳旅游区的规划设计提供参考。中国矿业大学信春华等人为了科学合理地评价井工矿低碳生态矿山,通过分析低碳生态矿山建设评价的特殊性,考虑历史、现状和未来 3 个纬度,建立了低碳生态矿山建设评价的多阶段综合评价模型。

2012 年,同济大学地下空间研究中心王印鹏等结合国内外生态建筑评价体系和地下建筑的独有特性,初步从地下空间资源的开发利用、节能和能源利用、节材和材料资源的利用、节水和水资源利用、室内环境质量、运营管理、防灾性能 7 个方面初步构建地下建筑的生态评价体系、原则和申请步骤等。

到目前为止,我国还没有针对地下建筑建立的生态评价体系,地下空间作为城市发展的必要趋势和解决土地稀缺、交通拥挤等问题的必要手段,并且在隔热性、稳定性等方面有着天然的优势,地下建筑生态评价体系的建立将会有效促进地下建筑的发展,使其更加高效利用资源,对环境更加友好并适宜人类居住。

2.4　建筑碳排放计量研究

2.4.1　全寿命周期评价理论

对于建筑物的可持续性评价体系主要有两类:一类是上面讲到的主观定性评价系统;一类是基于生命周期评价理论(LCA)建立的定量评价系统。虽然主观定性评价操作简单,但是专家主观因素的权重很大,难以保证客观性。而基于生命周期评价理论的定量评价方法,虽然需要收集大量建筑设计建造及使用时的数据,工作量大,内容多,但是具有客观性强,可量化,可以用于项目实施前的控制计算等优点。

刘长滨在研究建筑产品全寿命周期资源优化与绿色管理策略时,认为该系统包括建筑材料的开采、运输、加工及建筑产品的规划、设计、施工、使用、维护、修缮、更新、拆除和处理的整个过程。2010 年,张智慧等基于可持续发展和生命周期评价理论,界定了建筑生命周期碳排放的核算范围,并对建筑生命周期从物化、使用到拆除处置各阶段的碳排放进行清单分析,提出了建筑物生命周期碳排量的评价框架和方法。蔡筱霜于 2011 年在《基于 LCA 的低碳建筑评价研究》中首次提出包含前预测评价与后统计评价两个层面的建筑低碳"双 LCA"评价模型,在科学量化低碳指标的基础上,结合三类社会属性的评价指标,保证了评价体系的完整性和结果的合理性。2013 年,姚鑫萍基于 LCA 理论对公共建筑的碳排放基线进行研究,探讨了公共建筑碳排放基线的测量和计量方法,并将公共建筑生命周期分为材料生产、设计建造、使用维护和拆除处置四个阶段,初步建立了公共建筑碳排放基线的计量公式和具体方法。

2.4.2 建筑碳排放的计算与测试

2013 年,哈尔滨工业大学的阴世超对建筑低碳与低能耗的概念进行了辨析,认为低碳是针对建筑全生命周期"输出"而言,主要是建筑材料的加工回收时以及使用运营过程中产生的碳排放;低能耗主要针对使用阶段"输入"而言,主要是建筑为了维持正常的使用功能对于能源资源的消耗。并从四个方面探讨了在低碳建筑评价时的影响因素。

2013 年,同济大学的鞠颖等基于 1997—2013 年间 CNKI 的文献统计基础上对我国近几年的建筑碳排放计算方法进行总结分析,得出普遍的认识和问题。由于研究边界、计算模型及数据库的不统一性导致建筑碳排放计算结果巨大的差异性。在碳排放结果上,大多数学者认为运营阶段占全生命周期的 $60\%\sim80\%$,而施工、拆除及回收阶段相对来说所占份额极少。2010 年,王敏权和傅柏权从全生命周期角度出发,对建筑的能源消耗、碳排放等进行了分析,指出建筑在使用及建材生产阶段的能耗和碳排放占总排放的 90% 以上,具有较大的节能减排潜力。同年,张春霞等在介绍能源碳排放因子概念和测定过程的基础上,对国内外研究机构给出的碳排放因子进行分类、整理及数据分析,最后提出了建筑物碳排放核算过程中能源碳排放因子的选择方法。

2012 年,清华大学的彭渤通过对国内外各种案例的研究发现,不同数据库的能耗和碳排放结果存在不同程度的差异,较大可达 30% 的误差。他发现,建筑层数与建材含能及碳排放的相关性最高,其次为抗震等级和结构类型。并通过案例的对比分析表明,公共建筑的生命周期碳排量约为住宅建筑的 2 倍,绿色公共建筑生命周期碳排量比普通公共建筑低 33%,但是单位面积的建材含能比普通建筑高。2014 年,华中科技大学的华虹等以武汉一栋公共建筑办公楼为实例,构建了基于 BIM 的公共建筑低碳设计分析方法和碳排放计量模型。对样本建筑的建造、运营和拆除三个阶段的碳排放量进行了计算,得出了总值和分段贡献比,为公共建筑中节能排放措施提供参考。

美国 Arizona 州立大学 T. Ariaratnam Samuel 等人描述了对一个典型的地下公用设施工

程进行碳足迹定量的方法,通过非开挖管道更换、水平定向钻孔、挖沟机和传统露天作业的案例研究证明,采用非开挖技术可以减少碳排放。雅典国立技术大学 K. Papakonstantinou 等对雅典市区一个典型地下车库内的一氧化碳浓度进行数值预测和实验调查。结果表明,在适当的通风条件下,CO 浓度降低并保持在健康的室内空气质量标准以下。上海理工大学杨晓燕等人对城市地下空间的空气质量进行了现场监测,主要研究了人群活动对室内二氧化碳浓度的影响规律,为今后改善地下空间室内空气质量提供了设计依据。

2.4.3　建筑碳排放交易和碳审计的引入

碳排放交易的基本原理与机制大体如下:欧盟国家主管机构调查统计所有大型耗能设备数量,确定达到一定能耗(碳排放量)水平的既有和新投产的设备必须获得排放指标才能投入使用(进入这一监管清单内的设备总排放量目前分别约为德国和欧盟碳排放总量的一半),而每台设备每年允许的碳放量上限不断降低。设备实际排放量如果超标,需要交纳罚款,如果低于允许排放量,多余的碳排放量指标可以在指定交易所进行交易,获得经济收益。

但是德国可持续建筑委员会(DGNB)国际部董事卢求先生认为,在可见的未来实施大规模建筑碳排放交易制度的可能性不大。首先,建筑碳排放交易实施技术难度大。与工业领域不同,建筑的减碳量很难准确计算,减碳交易的责任人和受益人关系复杂。其次,建筑碳排放交易达到社会公平性和经济合理性难度大。确定不同类型建筑在不同气候条件下碳排放量基准线的难度相当大。如何设定建筑物碳排量的基准线成为碳排量交易的核心问题。而中国建筑碳排放交易制度的建立须谨慎而行,建筑碳排放交易试点工作应该在城市大型公共建筑中进行。前期需要进行大量的基础数据收集整理工作,以确定不同地区不同建筑类型的碳排放基准线,即每平方米建筑面积每年允许的碳排放量。同时需要建立公正的第三方检测机制,和政府监管的碳排放交易平台体系。

2013 年,刘小兵等在《我国建筑碳排放权交易体系发展现状研究》中,以天津和深圳建筑碳排放权交易系统为例,研究中国建筑碳排放交易程序和方法原理以及存在的问题,并对此提出一些建议。2010 年,何华等从分析碳源和碳汇出发,提出了居住区使用阶段碳收支计算方法,并借鉴引入了国外碳审计的办法;同年,孙莹等针对中国市场提出了建筑物碳审计的内容,原则和流程,建议以碳审计与碳交易制度相结合的方式在中国推行。

2.4.4　建筑碳排放计量软件开发

目前,常见的碳排放计量软件主要集中在生活节能领域。BP 公司开发的"BP 碳排放计算器"即是根据家庭住房结构、能源消耗量和环保习惯,计算出人们在居家、出行以及购物过程中的二氧化碳排放量。在建筑领域,Jeff Griffin 于 2010 年利用美国 Vermeer 公司开发的 E-Calc 软件,用于计算碳排放量。

2014 年,刘睿等对美国堪萨斯大学 K. Y. G. Kwok 教授等人研发出的绿色建筑碳排放计算器进行了介绍。计算器包括基本信息、使用者信息、暖通空调、通风、电梯、自动扶梯、耗水量、绿化节能等几部分。作者根据我国国情修改相关参数以应用在国内绿色建筑碳排放计算上。

　　2011年新成立的"碳足迹"公司开发出一套叫"企业碳排放计量管理平台"的碳管理软件。可以让企业对自己的碳排量进行量化、分析、管理以及报告,并提出相应的弥补措施,可以应用于新兴的碳交易市场,但是目前正处于起步推广阶段,碳交易市场的建立还有很长的路要走。

3 低碳地下空间建设的集成技术体系研究

3.1 低碳地下空间的技术原则

3.1.1 低碳规划

在规划阶段,要实现低碳化,主要注重以下3个方面:

(1) 地下空间的规划应与城市总体规划和区域规划相一致,并重视对低碳技术应用的引导作用;

(2) 建设资源的利用应体现"节地、节材、节能、节水"的共性理念,遵循因地制宜的原则,提高资源的循环利用和再生利用率;

(3) 要实现低碳技术的应用,在规划阶段,应建立一套完整的低碳指标体系,用于比较不同的技术和施工工艺的相关能耗情况。

3.1.2 节地措施

节地措施注意要项包括:

(1) 地下空间设施的用地应遵循优化土地资源、提高土地利用效率的原则,经过统一规划,合理布局,各种功能设置得当,来增加设施各功能间的紧密联系,最大程度节约土地资源;

(2) 高效利用土地,如开发利用地下空间、屋面空间,采用新型结构体系与高强轻质结构材料,提高设施空间的使用率;

(3) 保护自然生态环境,充分利用原有场地上的自然生态条件,注意施工建设、基础设施与自然生态环境相协调,避免建设行为造成水土流失或其他环境灾害;

(4) 设施场地环境应安全可靠,远离污染源,并对自然灾害有充分的抵御能力;

(5) 强调土地的集约化使用,充分调用周边资源,利用周边的配套公共建筑设施,合理规划用地。

3.1.3 节材措施

主要的节材措施包括:

(1) 应采用低固碳、低能耗、低排放的环保型绿色建设材料,减少材料在建设过程中的能耗;

(2) 提高建筑材料循环利用和再生材料的利用比例,减少不可再生资源的使用;

(3) 选择建设材料时应尽量选取当地的材料,减少交通量,并尽量采用工业化生产的预制件,减少现场作业带来的浪费和环境影响;

(4) 应采用高性能、高耐久性、低毒、防蚀的建设材料,通过结构优化和采用高强度材料等方式延长设施的使用寿命,降低后期维护和能耗。

3.1.4 节能措施与节能设备

1. 主要的节能措施

(1) 节能技术应因地制宜,在充分利用光照、风能、地热能和水资源等自然资源的基础上,协调各类能源的关系,采用合理的能源供给方式,做到区域整体环境中能源环境的相对平衡;如在开放或半开放空间设施应以自然通风为主,尽可能避免采用强制通风和空调设施;照明设计应合理利用天然采光和人工照明相结合的方式,室内照明尽量利用自然光,采用自然光调控设施;

(2)应采用智能供电技术,对照明和自动扶梯、给排水设备、空调通风设备等实施智能控制;

(3)变电所选址应靠近负荷中心,优化供电电源引入位置和网络接线,合理确定变压器容量方案;

(4)建立运营管理的信息化网络平台,加强对节能的管理和监视,提高管理水平和服务质量。

2. 节能设备的应用

(1)地下空间设施应采用具有变频、节能功效的设备,如变频电梯、变频水泵、节水型洁具龙头、小功率金卤灯和 LED 灯等;

(2)变压器应具有低损耗、低能耗、低噪音、节能等功能,推荐采用 S11 型或非晶合金铁芯变压器;

(3)对照度要求不高的照明,推荐采用"太阳能光伏发电＋风力发电＋LED 光源"方式;

(4)电动机选择要求:即电动机的能效等级应不低于国家标准 2 级;

(5)应采用动态有源滤波装置,以降低供配电系统附加损耗。

3.1.5　节水措施

主要的节水措施包括:

(1)按高质高用、低质低用的原则,生活用水、景观用水和绿化用水等按用水水质要求分别提供、梯级处理回用;

(2)合理规划地表与建筑设施屋顶雨水径流途径,采用多种渗透措施增加雨水的渗透量,减少地表径流的形成;

(3)景观绿化浇灌采用微灌、滴灌等节水技术,节约水资源。

3.1.6　绿化储碳

主要的绿化储碳措施包括:

(1)应充分利用楔形绿地布局、小型绿化系统等形成城市绿化圈,增加碳汇储量;

(2)地下空间设施附属建筑应采用垂直绿化和屋顶绿化方式,缓解城市热岛效应;

(3)城市绿化应合理配置绿地中的乔、灌、草,构成多层次的复合生态结构,达到人工配置的植物群落的自然和谐。

3.2 低碳地下空间建设的集成技术体系

3.2.1 地下空间建设的低碳技术体系分类

从规划设计、结构与构造、建筑设备、建筑施工和运营管理等专业的角度分类,地下空间建设的低碳化技术体系如图 3-1 所示。

3.2.2 低碳地下空间的主要技术

1. 顶层规划

顶层规划阶段主要考虑生态地下空间规划和综合管廊规划。

1) 生态地下空间规划要点如下:

(1) 通过对区域地下空间统一规划,合理布局,让各种功能设置得当,提高区域的各功能的紧密度,提高地下空间利用效率,最大程度地节省土地资源(图 3-2)。

(2) 增加地下人行的连通,改善步行环境,减少对地面车辆的交通依赖,实现整体低碳效益。

(3) 增加地下车库之间的连通,实现资源共享,通过组织车库的出入口减少人车交织,改善地面环境,增加车辆的畅通,减少尾气排放。

(4) 利用地下空间组织市政综合管廊体系,减少后期的管线敷设对道路的影响和重复施工,减少能耗。

(5) 采用合理的能源供给方式,增加能源转换的效率。采用区域能源集中供应方式以减少能源损失。

(6) 采用雨水收集系统,利用雨水进行绿化灌溉,减少雨水对市政雨水系统的容量,雨水使用可减少市政给水的损耗。

(7) 协调各类能源的关系,做到区域整体环境与能源环境的相对平衡。

2) 集约型地下综合管廊规划要点如下:

(1) 宜将给水、再生水、通信、燃气、热力管线纳入综合管廊。电力电缆既可设置独立的缆线沟,也可以与上述管线同沟。

(2) 综合管廊内所收纳的管线之间应留有维护管理、巡查等适当间隔,且管线的安装空间与人行通道要统筹兼顾,以减小管沟内部空间,避免空间浪费。

(3) 综合管廊宜采用标准化的构件进行施工,并具有通用性,能够快速施工。综合管廊应采用标准化结构形态、结构强度和结构布局,要满足城市建设对管线供应的配套功能要求,以便于各类市政管线安装、运行、维护。

(4) 宜采用密肋梁、密肋柱、连板结构,充分考虑路面荷载的扰动性、抗震稳定性。所有结构转弯均为弧形转弯,利于管网通行减少阻尼。

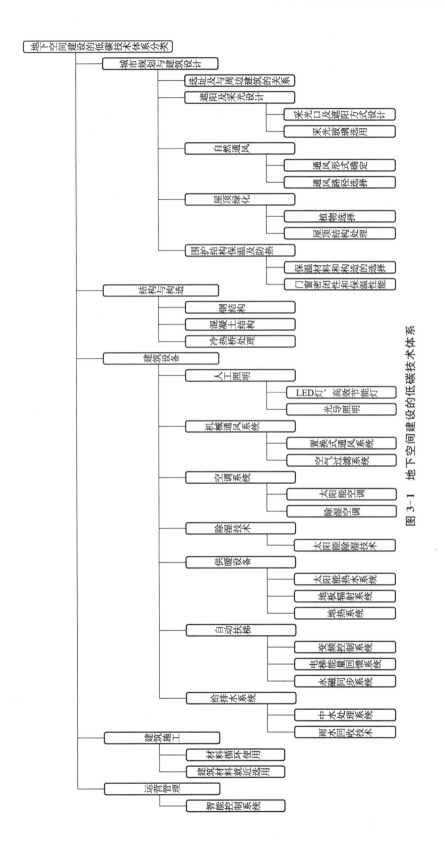

图 3-1 地下空间建设的低碳技术体系

图 3-2　地下空间规划与周边建筑关系
资料来源：http://news.hexun.com/2012-03-05/138949409.html

（5）箱体采用浅埋施工方式，减少土方开挖，便于预留材料、工具、设备吊装口等，方便材料运输、管线老化更换、维修便捷。

地下综合管廊构成见图3-3，图3-4为某新城综合管廊的建设内容。

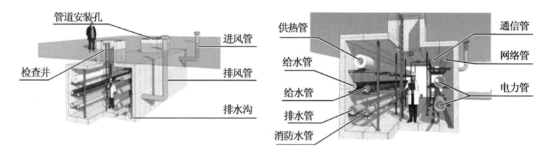

图 3-3　地下综合管廊构成示意图
资料来源：http://www.lysgsnzp.com/product/136_n.html

2. 实施建设

在工程设计和建设阶段，可运用的技术主要包括建筑与结构设计技术，自然通风、采光技术，以及可持续能源利用技术。

1）生态节能地下建筑与结构设计技术

（1）地下空间局部开敞设计技术

在可能的条件下，应采用地下空间局部开敞设计，以使其进行自然采光和自然通风，从而达到节能降耗。地下建筑常用的局部开敞形式和特点可归纳为：

图 3-4　某新城综合管廊建设内景
资料来源：http://news.sohu.com/20050120/n224031645.shtml

① 地下建筑天窗。单纯的单层或多层地下建筑顶层，可以利用屋顶和顶棚与外环境结合开设天窗。天窗的布局与建筑平面相结合，或点状

或线状,见图3-5(a)。

② 下沉式天井。在地下建筑中心或某些部位做成天井,上下贯通,使周围地下空间利用天井采光联系外景,同时也是良好的通风排烟井道,见图3-5(b)。

③ 下沉式广场。在地下建筑的一侧或入口处做下沉式广场。这既可以利用其为地下建筑开侧窗,也可以把地下入口做成形同地上入口形式,见图3-5(c)。

④ 地下中庭。地下建筑的下沉式天井加天窗即为地下中庭,它兼有天井、天窗的优点,特别适合大型地下商业建筑,见图3-5(d)。

（a）地下建筑天窗

（b）下沉式天井

（c）下沉式广场

（d）地下中庭

图3-5 地下空间局部开敞设计

资料来源:http://epaper.citygf.com/szb/html/2011-04/21/content_443054805.htm
http://xm.house.qq.com/a/20130510/000072.htm
http://house.qingdaonews.com/content/2013-06/24/content_9818065.htm
http://www.zhongguosyzs.com/news/22113776.html

（2）逆作施工技术

地下空间逆作法施工技术,按施工顺序与顺作相反,在地下结构施工时不架设临时支撑,结构本身既作为挡墙又作为支撑,从上往下依次开挖和构筑结构主体。与此同时,由于地下室顶面结构的完成也为上部结构施工创造了条件,所以也可以同时逐层向上进行地上结构的施工,见图3-6。

图 3-6 逆作施工技术

资料来源：http://news.66wz.com/system/2014/02/16/103998446.shtml

与其他顺作围护技术相比，逆作法具有以下节碳优点：节省配筋，提高施工安全性，也减小了对周边环境的影响；对于不规则形状和大平面实用性强，不需要额外措施，也减少了大量废弃的工程量；由于开挖和施工交错进行，逆作结构的自身荷载由立柱直接承担并传递至地基，减少了大开挖时卸载对持力层的影响，降低了地基回弹量，从而可以避免大量地基处理措施；由于逆作顶板可以用于施工场地，可以减少征用周边土地和环境影响。

（3）地下空间结构基础技术

在地下空间基础埋深较小且抗浮不起控制作用的场合，优先推荐采用水泥粉煤灰碎石桩（CFG 桩）复合地基成套技术。该技术由 CFG 桩、桩间土和褥垫层组成新型复合地基，采用沉管或长螺旋钻成孔、泵灌成桩等施工工艺，可确保桩土共同承担荷载。该技术可替代桩基技术，可提高地基承载力 2～5 倍，综合造价约为灌注桩的 50%～70%（图 3-7）。

图 3-7 地下空间结构基础

资料来源：http://baike.soso.com/LLogout.e?sp=5&sp=l2296156

图 3-8 预应力高强混凝土管桩

资料来源：http://www.ganjiyanjiu.com/yuyingliguanzhuangtupian.html

在地下空间基础埋深达到一定深度、且地基承载力要求较高的场合,优先推荐采用预应力高强混凝土管桩(图3-8)。该技术是在近代高性能混凝土和预应力技术的基础上发展起来的混凝土预制构件,采用工厂预制、现场打入或压入施工,工程造价低,可替代灌注桩、钢管桩工艺。该桩型具有单桩承载力高、施工前期准备时间短、能缩短工期、施工现场对环境影响小等优点,宜在工程中予以推广。

在地下空间基础埋深较大、承载力要求高的场合,优先采用灌注桩后压浆技术(图3-9)。该技术是在灌注桩钢筋笼上预设注浆管,成桩后5~30 d内用高压泵将浆液注入桩底和桩侧,以加固桩底浮渣和提高桩身摩阻力,并对桩体周围一定范围内的土体起固化作用。本技术可提高灌注桩承载力30%~100%,并减少桩基沉降,达到提高灌注桩使用效率,降低工程造价的效果。

图3-9 灌注桩后压浆技术

2)地下空间自然通风、自然采光设计技术

(1)太阳能烟囱通风

自然通风是利用自然能量改善室内环境的简单的通风方式。由于地下建筑均处于地下,通风阻力较大,很难形成贯流式的穿堂通风,采用热压通风结合机械通风的方式较适宜。通过地道送风的新风系统,有组织地将新风送入各区域;通过地面上设置太阳能拔风竖井(太阳能烟囱,图3-10)方式,使用太阳热量来加热空气,强化排风效果。

(2)捕风器

地下建筑可在室外设计捕风器。该系统具有被动式烟囱效应的通风管道与具有热回收的风帽,该风帽可以追踪风向并产生风压向地下空间提供充足的健康新鲜空气而不需要能量输入。

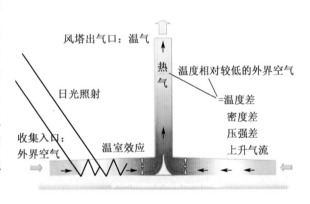

图3-10 太阳能烟囱通风
资料来源:http://tieba.baidu.com/p/3025147466

捕风器自然系统相对于其他自然通风方式的优点在于无论风向如何,捕风器总能将风捕捉并且导入室内。在夏季白天,捕风器被用来辅助室内通风。室内热空气会自然上升到屋顶的高度,同时捕捉到的新风会被引导入室内,推动了污浊空气排出室外的速度。在夏季夜间或者春秋适宜时节,捕风器可以不依靠建筑中可开启的窗户进行通风,这样大大加强了建筑的安全性(图3-11)。并且在捕风器底部的流量阀精确地控制着进入室内的通风量,如果室内温度过低,流量阀会自动关闭以避免造成室内过冷。

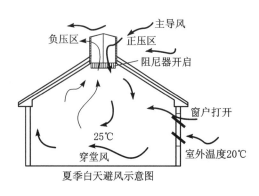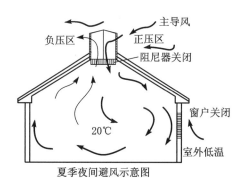

图 3-11　捕风器作用示意图

（3）导光管

导光管（图 3-12）日光照明系统作为一种无电照明系统,可以利用太阳光进行室内照明,在天然光丰富、阴天少的地区优先推荐采用导光管。由于天然光时常并不稳定,所以一般会给导光管装配人工光源作为后备光源,以便在阴雨天的时候作为照明补充。其基本原理是,通过采光罩采集室外自然光并导入系统,在经过导光管传输后由底部的漫射装置将自然光均匀高效地照射到任何需要光线的地方。相比于天窗采光,可以避免出现局部聚光的现象,而且不受室内吊顶结构等的制约。在光线传输方面,小孔径自然光光导照明传输距离可达 6 m 左右,大孔径自然光光导照明传输距离可达 15 m 以上,并且可以使用弯管,使其具有更强的灵活度和适应性。因此,近年来导光管广泛用于大型公共建筑以及办公楼、住宅、商场、地下建筑、车库等采光照明中。

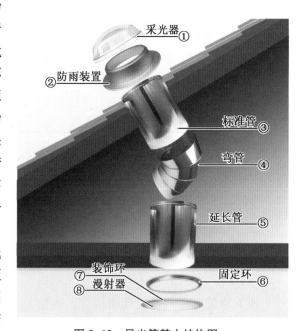

图 3-12　导光管基本结构图

资料来源:http://www.hkznl.com/gyznl1/dggcgxta.html/?jun

（4）导光棱镜窗

导光棱镜窗利用棱镜的折射作用改变入射光的方向,使太阳光照射到房间深处。导光棱镜窗的一面是平的,一面带有平行的棱镜,可以有效减少窗户附近因直射光引起的

眩光。当建筑间距较小时，为获得更多的阳
光，可采用导光棱镜组窗将自然光导入室内
（图3-13）。

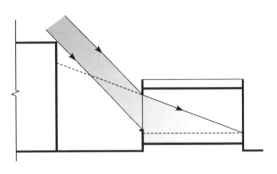

产品化的导光棱镜窗通常用透明材料将棱
镜封装起来，由于人们透过窗户向外看时，影响
是模糊或变形的，往往会对人心理造成不良影
响。所以在使用时，棱镜窗往往安装在窗户的
顶部或者作为天窗使用，可以使室内光线更加
均匀柔和。

图3-13　导光棱镜采光示意图

如图3-14所示的改建后的德国国会大厦，通过透明的穹顶和倒锥体将水平光反射到下面
的议会大厅。议会大厅两侧的内天井设计也可以达到补充自然光线的作用。日落之后，穹顶
的作用与白天相反，室内光线向外射出使玻璃穹顶成了夜空中绚丽多姿的发光体，成为柏林市
独特的景观。

图3-14　德国国会大厦议会大厅采光效果
资料来源：http://tech.163.com/07/0308/16/3930703B000927NT.html
http://photo.zhulong.com/proj/photo3823_8.htm

（5）光导纤维

在没有条件直接设置导光管或导光棱镜窗的情况下，可采用光导纤维技术将自然光导入
地下空间。光纤的最大优点是在一定范围内可以灵活地弯折，而且传光效率比较高。光纤采
光照明系统是将太阳光利用技术与纤维光学技术结合起来，通过聚光组件收集太阳光，利用传
光光纤将太阳光直接引入照明，不需要光热、光电、光化学等中间转换过程，因而极大地提高了
太阳光利用率。

图3-15是光纤系统的光线传输示意图。太阳光1发出的光线经过聚光组件2汇聚，通过
光纤3传至弥散灯头4后输出。

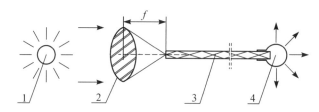

图 3-15　光纤系统光线传输示意图

利用光纤可以自由地传送阳光到地下室、地下中庭、地下车库等地下空间,不需要受到方位、结构和距离的影响,并且可以滤除阳光中的有害成分,保证光和电分离,只传输光,本身不带电,不发热,排除了很多隐患,保证了在潮湿等特殊地下环境的照明安全性(图 3-16)。

图 3-16　光导纤维在建筑室内的应用

资料来源:http://blog.sina.com.cn/s/blog_52f78b2b01009l26.html

3) 地下空间可持续资源利用技术

(1) 地源热泵

地源热泵供暖空调系统通过土壤、地表水、地下水等天然资源,冬季从中吸收热量、夏季向其排出热量,再由热泵机组向地下空间供冷、供热。通常地源热泵消耗每 1 kW·h 的能量,用户可以得到 4.4 kW·h 以上的热量或冷量。与传统电锅炉相比节省三分之二以上的电能,比燃料锅炉节省约二分之一的能量。并且由于地源热泵的热源温度全年较为稳定,其制冷、制热系数可达 3.5～4.4,与空气源热泵相比高出 40% 左右,运行费用为普通中央空调的 50%～60%。因此说地源热泵利用的能源是可再生能源,是高效、无污染、环境友好型能源。

地源热泵主要由能量采集系统、能量提升系统、能量释放系统三部分组成。通过让液态工质(制冷剂或冷媒)不断完成蒸发(吸取环境中的热量)→压缩→冷凝(放出热量)→节流→再蒸发的热力循环过程,从而将环境里的热量转移到室内(图 3-17)。

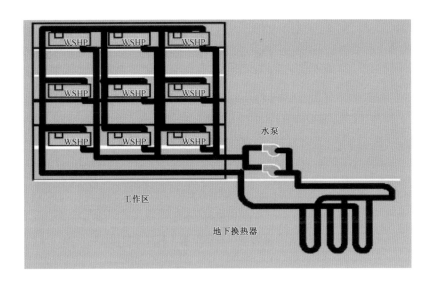

图 3-17 地源热泵系统应用示意图

（2）空调蓄能技术

蓄能空调，就是利用蓄能设备在空调系统不需要能量和需求量小的时段将能量储存起来，在空调系统需求量大的时段将这部分能量释放出来。根据使用对象和储存温度的高低，可以分为蓄冷和蓄热。结合电力系统的分时电价政策，以冰蓄冷系统为例，在夜间用电低谷期，采用电制冷机制冷，将制得冷量以冰（或其他相变材料）的形式储存起来，在白天空调负荷高峰期，同时也是用电高峰时期将冰融化释放冷量，用以满足部分或全部供冷需求。

空调蓄能技术可以改善地区电网供电状况，缓解电力负荷峰谷差现象，提高电厂一次能源的利用效率。同时峰谷电价的差额，可以使用户的运行电费大幅下降，是一项利国利民的双赢措施（图 3-18）。

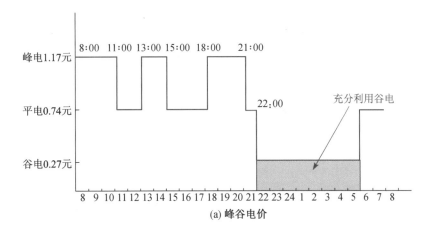

(a) 峰谷电价

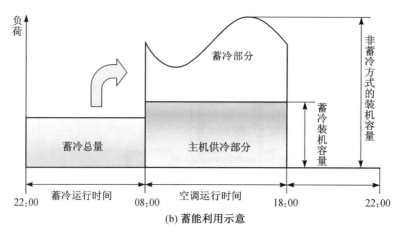

(b) 蓄能利用示意

图 3-18　上海夏时令峰谷电价图及其蓄能利用说明

资料来源：http://www.youboy.com/s73250545.html
http://bbs.gongkong.com/d/201304/498487_1.shtml

常用的热能蓄存方法为：显热蓄存，潜热蓄存，化学反应蓄存。潜热蓄能是利用物质发生相变将所吸收或释放的热能储存起来，而显热蓄能则是将物质发生温度变化时所吸收或释放的热能储存起来，潜热蓄能的效率相对更高。如图 3-19 的水蓄能技术可以使机房的装机容量降低 30% 左右，同时运行费用降低 20% 以上。

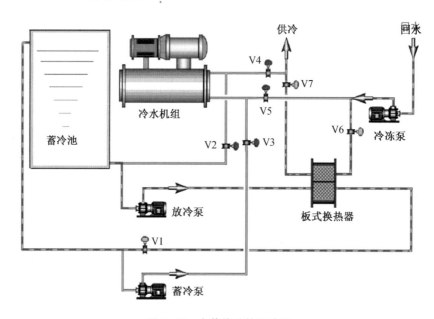

图 3-19　水蓄能结构组成图

资料来源：http://www.iruihui.com/Info/Info8_367.aspx

（3）地道新风技术

土壤由于其热惯性大，蓄存了大量能量，是理想的冷热源。结合地下建筑的设计，设置较长的新风地道,可以在夏季和冬季对新风进行预冷或预热,节约建筑能耗(图3-20)。由于地道风是利用土壤温度与地表空气之间的温差来进行调温,所以,不同地区应用地道风的调温范围也不相同。由于土壤原始温度的限制,地道风降温技术不可能将室外空气处理到像空调系统的送风温度一样,所以,地道风降温系统适合作为建筑空调的辅助系统,主冷热源还是由常规系统负责。

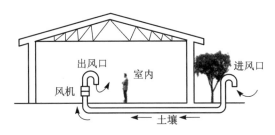

图3-20 地道新风技术示意图

3. 运营管理

地下空间低碳化运营管理主要包括:环境保护管理、地下空间维护管理以及智能化管理三个方面。

1) 环境保护管理

(1) 对于建筑中所用的设备,尽量降低转速、减少功率、改善平衡、选用低噪声设备等方法改善设备运行情况,减少噪声的产生。

(2) 对固体废弃物进行分类收集,以利于集中后进行分类处理。

(3) 尽量采用自然通风的方法将室内污浊空气排出,必要时可对废气进行热回收处理。

(4) 建立建筑、设备与系统的维护制度,减少因维修带来的材料消耗;建立物业耗材管理制度,尽量选用绿色材料。

2) 地下空间维护管理

(1) 通过经济技术分析,采用加固、改造延长建筑物的使用年限。

(2) 通过改善地下空间布局与空间划分,满足新增功能需求。

(3) 设备、管道的设置合理、耐久性好、方便改造和更换。

3) 智能化管理

(1) 建立运营管理的智能化控制平台,加强对地下交通系统、地下设备的管理和火灾报警与消防紧急处理、环境质量等方面的监视,提高物业管理水平和服务质量。

(2) 通过智能化管理减少能源、水资源的消耗,为人们提供便利、安全的地下空间。

(3) 建筑设备监控系统宜采用先进的产品,采用标准化、模块化的接口和协议,系统配置灵活、可进行扩展。

4 上海世博会园区低碳地下空间建设的集成技术体系

世博会园区地下空间规划贯彻总体规划中"起点高、立意深、体现上海特点"的要求,把城市的未来、世博会的未来和上海的未来结合起来,充分支持"城市,让生活更美好"的申博主题。整体园区的规划红线范围用地 5.28 km²,其中浦东片区为 3.93 km²,规划内容包括地下空间总体功能定位,地下综合体规划,地下交通规划,地下市政设施规划,其他地下设施及地下空间防灾规划等内容。规划地下空间开发面积 46 万 m²。

4.1 世博园地下空间规划总体思路

上海世博会园区地下空间建设需要满足园区总体规划的要求,以充分协调城市环境为目标,体现"城市,让生活更美好"的世博会主题,同时依托地下交通设施和其他城市基础设施,合理配置利用地下空间资源,形成新型、合理的城市空间结构。此外,世博园区地下空间建设还需要立足长远发展需要,充分考虑未来发展可能,统筹规划,合理、有序、可持续地开发地下空间。

4.1.1 时间维度

由于世博会园区内大部分是一些临时性的展览建筑和一部分永久性建筑,所以需要考虑展览建筑的时效性,以及其日常运营中白天和夜晚时使用的差异性。经过几个月的展览期后,一些永久性建筑,比如世博轴、演艺中心等,将继续为周边地区提供服务。贯彻可持续发展,也就是在项目的定位规划和设计时便要考虑到最初的设计应为将来的改造创造条件。

4.1.2 空间维度

世博园区总用地被规划分为五个片区,每个片区有相应的规划需求,主要的开发建设位于核心区内。每个片区内的建筑内部都需要满足自身的设计需求,并且要与片区内的规划,片区与片区之间的规划有一定的关联,整体构成一个智能化、节能环保的世博园区(图 4-1)。

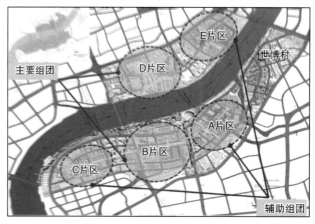

图 4-1 世博园区规划示意图

4.2 世博园地下空间规划设计

4.2.1 地下市政设施规划

世博园区地下市政设施规划综合考虑世博园区办展需求、世博园后续利用及世博园区周边市政建设等多种因素,实行统一规划,统一实施,并和园区道路系统同时建成。

1. 市政综合管沟

根据世博会园区道路的路网布置以及各专业规划要求,在整体统筹分析的基础上,为提高市政设施的建设和管理水平,沿北环路及华东路设置干线共同沟,沟内容纳电力、通信、给水、供冷、供热等市政供给管线、垃圾管道化收集系统和地下物流管道化系统。

在世博园内的其他永久性道路下设置支、缆线共同沟(图 4-2),将沿路的市政管线纳入其中,便于后世博时期的开发利用。

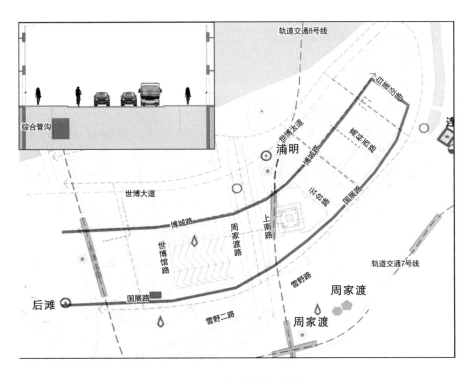

图 4-2 地下管沟规划图

资料来源:上海市政工程设计研究总院

目前,在世博会园区浦东片区内,总共建设完成了约 6.4 km 长的综合管沟工程,其中现浇整体式综合管廊长约 6.2 km,预制预应力综合管廊长约 200 m。其主要容纳电力电缆(10 kV,110 kV)、通信电缆、给水三种管线,第一次采用预制拼装工艺施工建设,充分体现了世博会园区在现代化基础建设方面的创新。

在管沟内设置了专门的自动垃圾输送系统，无需人工收集，被投入室内外垃圾投放口的垃圾可以自动进入管道，在气力的传输下到达压缩站，经过分离、压缩、过滤、净化、除臭等，最终排放到室外。该系统主要服务于世博中心、文化中心、中国馆、主题馆等核心场馆，以及贯穿这些场馆的公共市政道路，全长约 6.0 km，每天能收集生活垃圾 60 t。该系统是国内规模最大、技术最先进的垃圾输送系统，开创了我国城市市政垃圾管道输送的新纪元。

2. 地下市政设施

在世博园区内市政建设所需要的变电站、垃圾收集站、雨水污水泵站、调蓄水池等设施也都设置在地下空间，这样不仅可以解决地面用地紧张和景观问题，满足了世博园区的能源供给，同时又不会对园区的建设带来环境影响。

在浦西的世博企业馆下方建有一个 110 kV 的地下变电站，基坑开挖深度达 19.4 m，变电站为全地下三层框架式结构站。在基坑的四周建有深达 37 m 的连续墙，连续墙的厚度达1 m，全部由钢筋混凝土浇筑而成。只有如此坚固的连续墙，在上海临江土质较软的情况下，才能确保变电站在地下空间内安全平稳地运行。而该变电站是整个浦西世博园的能量中心，负责浦西世博园区所有场馆的用电需求。

4.2.2 地下交通设施规划

1. 轨道交通规划

在世博园区及周边规划建设的轨道交通有 4 号、6 号、7 号、8 号和 13 号线共 5 条线路(图4-3)。地下轨道交通成了世博园区世博期间以及后世博建设开发期间地下交通运输的核心力量，承担着连接浦东、浦西，运送园内游客的功能，更是联系园区内外的主要交通方式。

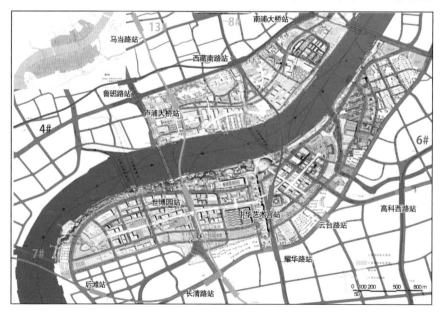

图 4-3 园区轨道交通介绍图

轨道交通13号线是世博专用线,世博期间开通了浦东浦西两个园区内的车站,在园区内的马当路站、卢浦大桥站、世博大道站之间往返运行,利用大运量、快速度的公共交通来服务浦东、浦西园的游客。而在世博会后13号线也将成为穿越该区域的主要轨道交通线,成为上海城市轨道交通网规划中一条纵贯中心城区的"西北—东南"轴向的主干线,在后世博园区的发展中起到重要作用。

轨道交通8号线有三个车站进入世博规划区内,其中位于园区内的周家渡车站(后改称中华艺术宫站)在世博会期间并不停靠,而与7号线换乘的耀华路车站作为世博会园区的主入口车站,承担起浦东园区50%的到发客流。

4号、6号、7号线作为外围的轨道交通衔接园区周边的公共交通,并在后世博的规划建设中起到重要的人流聚散作用。

2. 越江交通规划

世博园区设在浦江两岸,浦东为主,浦西为辅,东西作为一个整体规划发展。世博会期间浦东、浦西高峰时刻越江客流量达到3万~5万人/小时(双向),极端高峰时刻越江客流量达6万人/小时(双向)。越江隧道是衔接园区内部浦东、浦西的连接通道,以满足公共交通为主体,同时解决VIP车辆的越江需求,结合园内公交布置,通过车行过江隧道使公共汽车交通服务范围更大、更便捷(图4-4)。

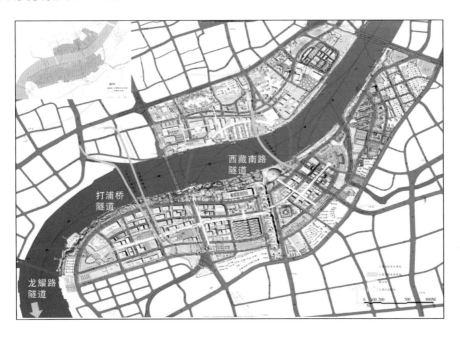

图4-4 越江交通规划图

世博前期规划了西藏南路隧道、打浦桥隧道复线,并且建设龙耀路隧道。会展期间主要将西藏南路隧道作为世博专用隧道,用于解决浦东、浦西园区内部的过江交通。而西藏南路隧道在浦东和浦西均建设 3 个、两对出入口,其中两岸各有一对出入口设在园区围栏内,在园区内形成公共环路,以缓解世博会展期间东西两岸的交通压力。

而在后世博期间,西藏南路隧道作为公共隧道,允许社会车辆通行。

3. 地下静态交通规划

世博园区地面资源有限,考虑到整体地面景观的要求,不宜修建大型的地面停车场。因此,展会期间在满足必要的临时停车需求的同时限制小型车辆的地面停放,鼓励游客采取公共交通方式进入园区。在园区围栏内利用综合永久性场馆及其地下综合体建设地下停车场并实施有序的停车管理,主要满足场馆内部的停车配置和后续利用时的社会停车。大规模的停车设施将会在后世博开发中结合土地综合开发实施建设。

4.2.3 地下公共空间规划

1. 规划结构

世博园区内地下公共空间是地下空间规划中最重要的部分,公共空间的结构组织是整体地下空间开发的基础。

结合轨道交通出入口等重要的地下人流节点,开发商业、餐饮、娱乐等公共设施,强化地下空间的服务、消费功能,并成为后续利用中的重要地下组成部分。地下公共设施主要集中分布于浦东核心区,依托于轨道交通 8 号线、13 号线三个车站的交通客流,有效连通演艺中心、世博中心、中国馆、主题馆等大型公共建筑,在世博轴公共服务功能的开发基础上,构建大型地下综合体模式的地下公共空间。

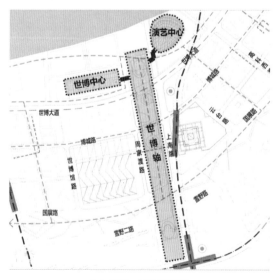 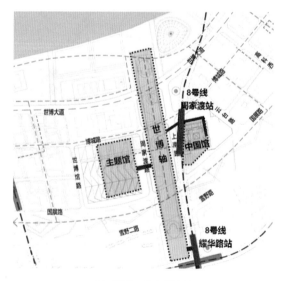

（a）地下一层空间布局　　　　　　（b）地下二层空间布局

图 4-5　地下公共空间布局

资料来源:上海市政工程设计研究总院

世博轴是典型的以交通和服务功能为主的地下综合体工程,南起耀华路,北至滨江庆典广场,全场1 045 m,连接四大场馆,两个轨道交通车站,并以其不规则的造型成为世博园区中的最吸引眼球的中心建筑。该建筑在后文有更详细的介绍。

由于世博会开发建设时序上的原因,东西方向的次轴(13号线世博园站到周家渡站)地下空间暂不开放。在后续开发中会依据两侧地块地面建设进行综合开发,世博轴的地下综合体会在地下出现东西向的次轴,共同组成"十"字结构体系。

2. 地下人行网络规划方案

世博期间,园内游客主要以步行为主,为了应对大规模的人流集散需求,结合地下空间与高架步道共同组成地面、地下、空中三维立体园区步行网络,为游客提供适宜的遮蔽场所与步行环境。

地下人行网络主要位于浦东核心区,以世博轴为中心,从入口广场到滨江世博公园,不仅连接各交通站点,并沿途布置商业、餐饮等服务设施,还与周围主要场馆相连,游客可以选择地面游览园区,亦可在天气恶劣时选择地下网络直接到达场馆,方便快捷。

世博会后,地下人行网络能为之后轨道交通换乘站点建设提供有利的条件。地下综合体的商业服务设施,能为使用地下步行系统和轨道交通换乘枢纽的大量客流提供方便舒适的购物、饮食、休息、娱乐等服务,促进轨道交通的发展。轨道交通带来的大量人流又促进该区域商业的发展,地下步行空间作为区域商业网点的重要组成部分,方便与地面的商业有机结合,形成区域商业服务中心。

4.3 世博轴及地下综合体工程建设

世博轴及地下综合体工程是世博园区空间景观和人流交通的综合体,位于浦东世博园核心区,南北长1 045 m,地下东西宽99.5～110.5 m,地下3层,地上2层,总建筑面积248 702 m²,其中地下建筑面积达18万m²,地下二层连接7号,8号线地铁站。地下一层连接公共活动中心、演艺中心及庆典广场。世博轴采用生态设计理念,把绿色和阳光引入各层空间,同时还采用江水源地源热泵,雨水回收等生态节能技术,践行节能技术,见图4-6。

图4-6 世博轴整体鸟瞰图

资料来源:http://news.hexun.com/2009-06-29/
119130830.html

世博轴南端作为世博会最主要的入口之一,不仅要满足大规模客流能安全、舒适地出入园区和安检的需要,同时要为旅客提供步行、集散、就餐、购物、观景、休闲等功能,是世博园区最重要的交通、景观和商业综合体。世博轴的喷雾降温系统可以根据室外温湿度、风速、晴雨等状况,控制启停,提高游客排队安检及通行时的舒适性。地下空间采用了室内空气质量监控系统,监控室内的温湿度、二氧化碳等参数,确保宜人舒适的室内环境。而世博轴超大规模的建筑尺度和6个大型"阳光谷"的规划设计,打破了传统的地下和地上空间概念,塑造了地上地下多层分布的特色街道,创造了崭新的地下空间综合开发利用模式。此外,世博轴在建筑防灾、绿色环保方面的技术含量也代表了国际上相关领域的最高水平。

4.3.1 世博轴空调节能技术

地表水与地埋管地源热泵作为有效利用可再生能源的节能环保型空调冷热源形式,近来年在我国得到了大力推广和应用。其中,长江流域沿江湖的城市具备同时使用这两类冷热源的有利条件,可以充分利用自然条件实现清洁能源,又可避免冷却塔、锅炉等配套设备产生的诸多问题,具有较好的发展前景。

上海世博园区靠近黄浦江,黄浦江水体全年温度稳定在一定的范围之内,形成了一个较好的提取及释放热能的场所。因此,可采用取水源热泵机组对其进行利用,其基本工作原理与地源热泵相同。世博轴工程空调冷热源系统100%利用地源热泵和江水源热泵两种可再生能源方式,通过黄浦江水进行冷热交换,江水源热泵占整个项目空调负荷的66%,地源热泵占整个项目空调负荷的34%。

江水源热泵和地埋管地源热泵系统是利用江水和土壤作为热泵系统的热源。由于江水和地埋管水温度夏季时均低于冷却塔出水温度,热泵机组的制冷效率可以大大提高,冬季时用热泵供热,能源效率与传统的锅炉供热相比有很大提高。

江水源机组、地源热泵机组及其配套多台水泵组合大小搭配,既满足设计需求,又在部分负荷高峰时节能运行,所以需要制定一套完备的系统运行策略,以保证整个系统的安全、高效运行。自动控制系统在本项目中的作用不可小觑。

1. 地埋管地源热泵技术

地埋管地源热泵系统是利用热泵机组在土壤中提取和储存热量,制取空调冷热水,又称土壤耦合热泵系统,其原理如图4-7所示。

据测试研究,地表浅层土壤温度呈三层分布,地表冻土层附近的土壤温度受室外大气影响,全年温度波动较大;冻土层以下有一恒温层,温度全年基本不变;恒温层下到地壳深处有一个正温度梯度,土壤温度随深度缓慢上升。上海地区冻土层较浅,5 m以上的土壤温度受室外影响而波动;5 m以下到35 m处的土壤温度基本恒定,接近全年平均气温(15.7 ℃);35 m以下的土壤温度以5 ℃/100 m的温度梯度上升,地下100 m土壤温度约为19 ℃。世博轴基地宽阔,作为一栋长形多层建筑,单位基地面积空调负荷较小,十分适宜利用浅层地温资源。

地埋管地源热泵系统主要包括地埋管设计和地埋管联络两个方面。在世博轴的地下,除了桩位密集处部分桩不能利用外,其余所有工程桩全部埋设W型换热管。本工程埋设了共计5 500多根换热管,根据热响应测试报告提供的换热量数据(排热量约为83 W/m埋深,取热量约为62 W/m埋深)计算,全部埋管可提供夏季工况换热量10 500 kW,冬季工况换热量7 900 kW。

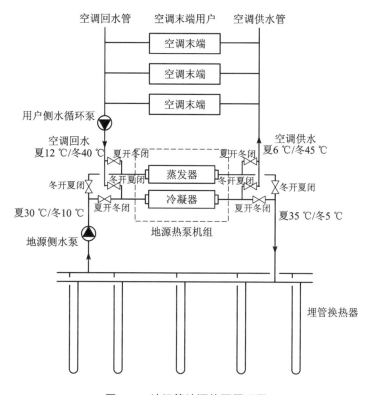

图 4-7 地埋管地源热泵原理图

资料来源:世博轴及地下工程项目管理部

埋管区域的土壤犹如一个巨大的蓄能体,地埋管地源热泵系统在夏季时向其中排放热量,在冬季时从中取出热量,而热量的转移将引起土壤温度的变化,从而也会影响土壤换热器的换热量。

2. 江水源热泵系统

世博轴江水源系统是以黄浦江的江水为冷热源的热泵系统,夏季时它将建筑物内的热量转移到江水中,由于江水温度比冷却塔的冷却水温度低,所以效率较高;冬季时它会从江水中提取热量,由于江水水温比环境温度高,所以效率也比风冷热泵机组高。其原理如图 4-8 所示。

为了减小江水输送距离,江水源热泵机房位于世博轴地下二层最北端,机房中配置 5 台螺杆式热泵机组和 3 台离心式冷水机组。根据世博会期间和之后的江水源系统承担的空调系统负荷计算,江水的取水量分别应为 2 700 m³/h 和 3 500 m³/h。由于世博轴是一个永久性建筑,取水时的水量及取水泵房规模等应按后世博时期长期使用的要求进行设置。因为会后的商业面积有可能会增加,所以需要根据可能增加的商业面积的最大值来计算,将增加江水取水量约 2 000 m³/h,考虑一定的安全系数后提出江水最大取水量为 6 000 m³/h,取水口位于退水口上游约 200 m 处。

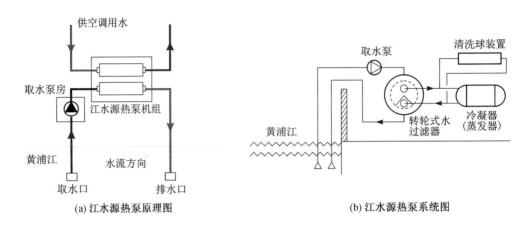

(a) 江水源热泵原理图　　　　　　　　(b) 江水源热泵系统图

图 4-8　江水源热泵示意图

资料来源：上海市政工程设计研究总院

由于使用的是直接式江水源热泵系统，所以对水质及机组管材的耐腐蚀性提出较高要求。经调研分析，取水口的水质在大部分时间可以满足系统要求，但悬浮物和浊度指标较难保证，因此，在进水管路上设置除污格网井，在江水泵的出水管上设置自动反冲洗过滤器，在热泵机组和单冷型冷水机组的江水侧换热器上设置胶球或清洗刷清洁系统，对换热管进行定期清洗。另外，系统还设置了全自动控制在线监测加药装置，在系统停运时，可以对机房内江水侧水路系统进行闭式循环处理，污水由下水道排出。

本工程夏季设计工况为：江水进水温度为 30 ℃，退水温度为 35 ℃，温升 5 ℃。江水源侧循环泵主要采用一次泵系统，水泵变频调速，既保证江水供回水总管的资用压力和水量要求，又达到节能效果。江水源用户侧循环泵采用二次泵变流量系统，分北区、中区、南区三套二级泵变频水系统，用户侧一次泵为定流量系统，与热泵机组和冷水机组对应开启。

3. 地埋管地源热泵加江水源热泵的联合冷热源系统

上海地区冬季空调热负荷小于夏季空调冷负荷，仅用地埋管地源热泵可能存在土壤中冬夏季取放量不平衡问题。因此，世博轴的冷热源系统采用江水源热泵和地埋管地源热泵相结合的方式，可在初夏早秋江水温度较低时和夏季负荷较大时采用江水源机组，冬季江水温度低时尽可能多地采用地埋管地源热泵供热。该系统不仅解决了地埋管在南方地区可能发生的土壤热积聚，又提高了冬季供热效率，从而更好地确保了系统安全、稳定地运行。系统运行策略是冬季优先按照地埋管地源热泵供热能力运行，并设置了土壤换热量计量表，按照全年土壤放热量来确定全年的吸热量，力求夏冬两季土壤换热量平衡。

由于冬季江水温度在 6～8 ℃，极端水温可能在 6 ℃以下，低温使得机组效率大大降低，室内供热受到限制。然而相比于江水温度，土壤温度全年波动较小并且数值较为适宜，冬季地埋管地源热泵系统对江水源热泵来说是很好的补充。

4. 自动控制系统

世博轴自控系统通过采用新型的控制技术、合理的逻辑程序、不同的组合策略等技术手段,通过集中把江水源内热泵机组、冷水机组、一次水泵、二次水泵、取水泵,以及地源热泵系统等设备连接成一个有机整体,实现了有机联动,达到了很好的节能效果,对世博轴综合体工程空调系统的合理、节能运行提供了良好的技术手段。针对世博轴四个机房的控制要求和区域分布情况,整个系统规划为1个主站、4个子站。

主站:负责4个机房控制系统的设备控制和数据共享。可以对子站进行设备管理和数据存储。同时主站具有最高的管理权限。

子站:负责各自机房设备的管理和数据存储。

5. 节能性总结

将江水源热泵和地埋管地源热泵系统相结合作为空调冷热源的优点是:高效,节能,环保,缓解热岛效应,很好地践行了世博会低碳、环保、节能三大理念,为参观者提供了较高品质的参观体验。

根据世博轴空调冷热源全部能耗分析,江水源和地埋管地源热泵系统夏季节能约154.3万 kW·h,节能率约27%;冬季折合节能约408.6万 kW·h,节能率约71%;全年节能562.9万 kW·h,节能率49.1%;年减碳量5 629 t。同时还可以节省冷却塔运行时所需的大量补充水。

4.3.2 世博轴半逆作施工技术

基坑支护工程常规的工程顺序是从上而下,即挖土→地下室→上部结构的顺序施工,通常称为"顺作法"施工,随着施工技术和地下结构形式的发展,出现了"逆作法"施工,即在地下基础施工的同时,还可以进行地上建筑物的施工,待地上建筑物施工到若干层后,地下各层的基础工程也全部竣工,这样可以有效减少施工工期。

世博轴整个单体为附地下二层的三层箱型结构,上部结构为高架平台板、阳光谷及膜结构顶棚。根据工程本身的特点和施工工期的要求,大尺度基坑,支撑体系与开挖方式采用"边环板逆作,中心顺作"的方案,如图4-9所示。在中板模板体系的选择上,主要有短支排架和土底模两种模板体系。短支排架可以保证结构表现质量和平整度,但是模板的安装和拆卸需要大量的时间,工程成本也比较高;土底模作为一种比较传统的施工工艺,采用土垫层直接作为结构的模板,可以大大节省模板、排架等费用,但是结构本身的平整度等表观质量无法达到短支排架所达到的水平。

世博轴地下二层区域采用半逆作法施工,先开挖施工-1.080 m中板两侧的楼板结构(宽各22 m)及中部支撑,再施工中部-6.800 m地下二层基础底板,在边部-6.800 m基础底板施工完成后再进行-1.080 m中部楼板补缺施工。地下二层半逆作区域结构楼板厚度主要为400 mm,局部厚度500 mm,过路段区域为600~800 mm,主要结构梁截面尺寸为1 200 mm×800 mm,1 200 mm×1 200 mm。

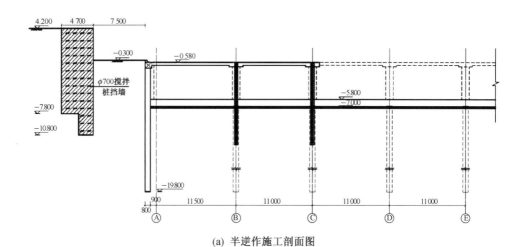

(a) 半逆作施工剖面图

(b) 半逆作施工现场平面图

图 4-9　世博轴半逆作施工图
资料来源:上海市政工程设计研究总院

世博轴工程基坑开挖深度较深,中板开挖深度达到 5.3 m,地下二层底板开挖深度达到 11 m,基坑整体长度超长,总长达 1 045 m,基坑施工面积大,周围环境复杂,交通组织困难。整个基坑均采用半逆作施工,中板边跨区域板底处于淤泥质黏土,土层地质条件很差,考虑到世博轴工程的质量要求相当高,若采用传统短钢管支撑排架平台模板来施工,很难控制排架的整体沉降,因此在半逆作的中板边跨区域采用土底模板这一方式进行施工,力求保证工程施工质量的同时,降低工程的成本(图 4-10)。

图 4-10　世博轴整体施工现场图

资料来源：上海市政工程设计研究总院

4.3.3　世博轴雨水回收处理技术

世博轴的二层平台以上为玻璃网壳结构阳光谷和 PTFE 膜结构顶棚，为游客提供遮阳挡雨的全天候入园条件。阳光谷的上沿水平面积和膜结构的水平投影面积超过 5.5 万 m^2，不仅可以引入阳光和空气，降雨时还可以收集大量优质的雨水。本工程采用分质供水系统，按高质高用、低质低用的原则，生活杂用水、景观绿化用水等按不同水质要求分别提供。选用屋面优质雨水回收用于冲厕用水、道路冲洗用水和绿化浇洒用水等，雨水利用率高于 15%。

世博轴独特的建筑造型决定了雨水排放系统的特殊性，其中膜屋面排水和地下雨水调蓄系统是方案中最具挑战的部分。

1. 雨水排放系统设计

世博轴雨水排放系统设计总体思路是结合建筑形态利用阳光谷和索膜结构下拉点来收集雨水，部分雨水汇集到建筑底部的蓄水渠（用于回收利用和提升排放）；部分雨水就近汇集到地下一层分散集水坑并提升排放；其他雨水重力排放到市政雨水系统，见图 4-11。

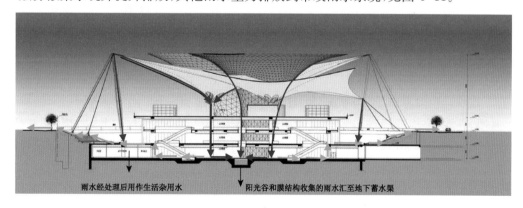

图 4-11　雨水排放示意图

资料来源：上海市政工程设计研究总院

其中阳光谷的上沿水平投影面积总计为 21 781 m²,通过漏斗状玻璃网壳结构直接汇集到底部雨水蓄水渠。膜屋面的水平投影面积总计为 61 620 m²,按排水组织形式可以划分为以下三种类型:

(1) 膜中心下拉点(共 19 处)。汇水面积共计 53 692 m²,每处以特殊集水斗经立管排至二层平台下,再经悬吊横管和立管排放。其中 8 处(24 450 m²)重力排放至室外;11 处(29 242 m²)排至底部蓄水池。

(2) 膜外侧下拉点(共 5 处)。汇水面积达 2 164 m²,每处以雨水斗汇集雨水,经悬吊横管和立管沿外立柱重力排放至地下一层分散集水坑。

(3) 膜与阳光谷的连接点(共 7 处)。汇水面积达 5 764 m²,每处以雨水斗汇集雨水,经悬吊横管和立管以重力作用排放至阳光谷进入底部蓄水池。

地上二层平台和地上一层两侧少量雨水通过线性排水沟分段收集,经设于结构立柱侧和芯筒内的雨水立管重力排至室外雨水集水坑,以潜水泵形式压力排至室外雨水管。

下沉式广场雨水通过集水坑收集,采用潜水排污泵加压直接提升至室外雨水管。

地下一层的雨水为室外场地、坡地绿化和部分膜结构屋顶的雨水,排至排水明沟,分段收集至室外雨水集水坑,以潜水泵形式压力排至室外雨水管。明沟结合休息长椅下方设置,较隐蔽,上方设置盖板。

2. 雨水收集及处理系统设计

世博轴上部的阳光谷、膜结构以及两侧的斜坡绿化等汇集的雨水排放至建筑底部的蓄水渠和分散集水坑。蓄水渠贮存的雨水经过雨水泵提升至雨水处理机房,经混凝、过滤、消毒等一系列处理后回用。当监测到水质不适合回用时,或配合防汛要求时,由雨水排水泵提升排放到市政雨水系统。

在地下一层的分散集水坑内设置有潜水排水泵,当雨水水位高于固定标准时自动开启排水泵,排放至市政雨水系统。

根据相关规范计算考虑到世博轴上方投影面积,蓄水渠的有效容积不应小于 5 679 m³,根据土建条件实际建造的有效容积约为 7 500 m³。如果发生灾害性暴雨时,市政雨水管网可能无法容纳世博轴全部排水,此时,道路积水有可能会通过绿化斜坡等地方漫水至地下空间。由于地下二层设有变电站、控制中心等重要设施,因此必须从工程设计角度消除地下室进水的可能性。

在工程设计角度考虑了"挡得住"和"排得出"两方面措施。在挡水方面,利用斜坡绿化的条凳、矮墙、花池、坡地驼峰等作为固定挡水设施,并在出入口等处设置挡水闸槽(图 4-12)。在排水方面则利用毗邻黄浦江的有利条件,兴建了直排入江的应急排水系统。值得一提的是应急排水水泵只需要将水提升排放至室外的排水溢流井,溢流水进入原已设计好的重力退水管(之前讲的用于将水源热泵冷却水排水系统)排入江中,因此可以节省很多排水管道的造价。

在蓄水容积方面,为了使雨水水质在蓄水期间不致迅速变差导致回收成本增高,兼顾防汛安全,设计建议采取如下策略:

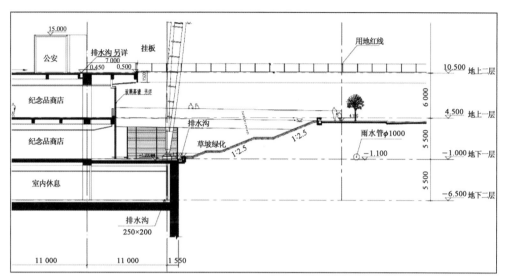

(a) 世博轴两侧斜坡剖面图

(b) 世博轴两侧斜坡绿化效果图

图 4-12 世博轴两侧斜坡绿化图示

资料来源:上海市政工程设计研究总院

(1) 在每年 6 月至 9 月的汛期,应将防汛安全置于首位,所以蓄水渠应该始终预留 5 900 m³ 的防汛容积。由于汛期的温度较高,水质易受到外源污染而下降,所以不宜贮存太多的水。

(2) 其余时间段优先考虑提高雨水利用率以达到生态节能的效果,故此蓄水渠内只需要 预留 1 600 m³ 的防汛容积。这期间由于温度较低,微生物代谢不活跃,水质保持较容易实现。

3. 膜屋面排水节点设计

膜中心下拉点需要排放的雨水量占到膜屋面总排水量的 87%,而其排水节点的处理则是重中之重。每处膜中心下拉点对应的雨水平均设计流量约 200 L/s。若按照重力雨水系统设计,需要两根 DN250 的雨水立管,但是对于建筑的整体造型影响较大所以不具可行性。在与建筑师讨论后,如于桅杆四周均布 4 根 DN150 雨水立管,对应排水能力为 111 L/s,远不能满足设计要求。于是,采用压力流虹吸雨水排放系统成为必然选择。

虹吸雨水排放系统是采用特殊设计的雨水斗,使雨水在很浅的天沟水深下,即可在管道中形成局部真空,使雨水斗及水平管内的水流获得附加的压力,形成虹吸现象。利用虹吸作用,极大地加快了水流在排水管道内的流速,实现了快速排放屋面雨水。

因此,在世博轴工程中设计研制了特殊的集水斗,使之具有整流功能,处于涡流状态的雨水能够平稳地淹没立管进口,雨水立管内掺气量极小以便易于保持满管流形成虹吸(图4-13)。研制过程中,在现场进行过多次 1∶1 的水力模型试验,全面分析了水面吸气漩涡、节流孔大小、排水量等因素,以便为设计做深入指导。

(a)膜下拉点排水节点照片

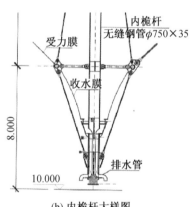
(b)内桅杆大样图

图 4-13　膜下拉点排水节点图示

资料来源:http://act3.2010.qq.com/4405/work/show-id-43309.html

通过上述虹吸雨水排放系统,可以满足重现期为 50 年的暴雨强度设计要求。然而,鉴于本项目的重要性,还要考虑到当雨水斗或雨水管系统受堵塞等不利情况。为了防止整个伞状结构由于存水量过大造成对结构的破坏,在膜下拉点特别设计了溢流口。即使发生超过 50 年一遇的灾害性暴雨,或者雨水管堵塞的情况,仍可通过主动溢流来确保结构安全。

4. 雨水回用系统

雨水回用主要用于冲厕、道路冲洗和周围绿化用水等,水质标准符合《城市污水再生利用:城市杂用水水质》(GB/T 18920—2002)的规定。由于降雨的不确定性,为了保证用水供给,在回用水箱上设置自来水补水装置,不足部分由城市自来水补充。

世博轴回用水源选自膜屋面雨水排水。从试验数据来看,膜材料屋面雨水水质较好,在没有初期弃流的情况下,浊度、COD、色度、氨氮、TN 和 TP 等指标在储存池稀释及沉淀的作用下浓度均较低。同时,处理后的雨水主要用于绿化和冲厕,水质要求较低。因此,屋面雨水在经过常规处理技术后就能满足回用要求。世博轴雨水采用了混凝、沉淀、过滤、消毒等工艺,出水水质稳定,可以去除水中尚存的胶体物质以及部分重金属,有机污染物和细菌,运行成本较低。同时为了减少空间以及保障处理效果,对该工艺采用浮动床过滤器把沉淀和过滤结合起来。这种过滤器选用松散的多规格、比重小于 1 的不同粒径介质,实现了过滤精度的自适应,可以达到比较高的过滤精度。针对所采用的过滤介质的悬浮特性,采用了逆流过滤、无压力顺流再生的工作方式,其过滤精度与进水压力及流速可自适应性,过滤流速可达 40 m/h,滤料反洗再生时不会出现乱层现象,悬浮物去除率达到 85%～95%。反洗再生消耗水量仅为被处理水量的 1‰～2‰,节约再生排污水量 80%,降低了运行成本。

在本项目中选择的是次氯酸钠消毒剂,加药装置为自动控制,由系统电控柜统一控制,正常条件下与过滤器过滤过程联动。雨水处理工艺流程如图 4-14 所示。

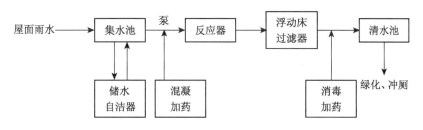

图 4-14　世博轴雨水工艺流程图

资料来源:《世博轴雨水排放系统设计难点分析》,田扬捷等著。

4.3.4　世博轴智能化管理技术

世博轴及其地下综合体作为一个具备商业、餐饮、娱乐、管理服务等多功能于一体的大型商业、交通综合体。其智能化建设充分体现了新技术的应用,即现代计算机技术、现代通信技术、现代控制技术和现代显示技术的发展和相互渗透的趋势。

由于世博轴在世博会期间和世博会之后阶段的使用功能有较大的不同,所以在智能化系统工程设计中要考虑到其时间和功能的差异性。

在世博轴智能化管理系统功能方面需要考虑到以下几个方面的内容:

(1) 通信与信息的交互功能。世博会对世博园区内各建筑的连通性、可监测性、集成能力和可控性有很高的要求,尤其对于通讯信息网络的整体规划,以此确保世博会前后良好的通信和信息交互环境的多功能应用。

(2) 安全信息综合管理功能。确保人身安全、设备安全、环境安全建立的安全信息综合多级控制及管理平台是确保世博会功能有效运行的基本保障。

(3) 建筑设备管理的功能。为了达到建筑物的使用功能,不仅要确保建筑设备正常可靠的运行,而且设计时应注意节能减排和各共享子系统设备之间的资源,以及满足今后运营管理的要求,所以系统的节能和集成管理是项目定位、设计、运行的最终目标。

世博轴建筑面积较大,体型狭长,为了确保系统运营维护和管理,根据建筑区域功能可分为北区、中区和南区三大区域。其中在中区设置园区的二级控制中心,并且作为整个世博轴的主控中心,而北区和南区分别设置各自的分控中心。各个中心通过相关设备连接,既相互独立,又可相互联系,充分体现了集中管理分散控制的最佳运行和管理模式。

世博轴智能化集成系统的主要目的是集成建筑中的各智能化系统子系统,把它们统一在单一的操作平台上进行管理,旨在使建筑中各智能化子系统的操作更为简易、高效。系统提供开放的数据结构,共享信息资源,协调各子系统间的相互联锁动作及相互协作关系,提高工作效率,降低运行成本。世博轴智能化系统工程结构如图 4-15 所示。

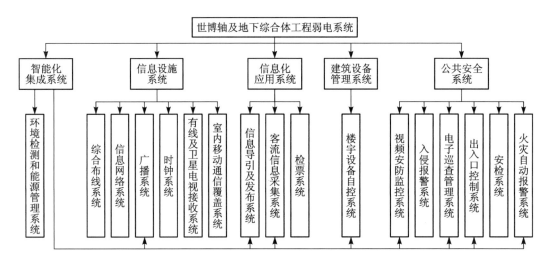

图 4-15 世博轴智能化工程系统结构图

资料来源:上海市政工程设计研究总院

IBMS 智能化平台子系统包括设备监控系统、火灾自动报警系统、视频安防监控系统、电子巡查管理系统、出入口控制系统、客流分析系统、能源管理系统和信息引导及发布系统。

4.4 其余主要建筑地下空间特色

4.4.1 中国馆及其地下空间特色

中国馆由国家馆和地区馆两部分组成,总建筑面积约 16 万 m^2,其中地下建筑面积约 6.0万 m^2,见图 4-16。

中国馆的内部地下空间主要由地下一层和局部两层构成,其中,中国国家馆地下两层,地区馆地下一层,主要由过厅、准备间、变配电机房、冷冻机房、空调机房、垃圾站等地下设施构成。围绕整个园区地下布置的地下垃圾气力输送系统在中国馆的地下空间内设置了一个接口,在中国馆中产生的所有垃圾可以通过这个接口运输到达垃圾处理站。

(a) 实景效果图

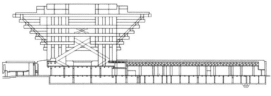
(b) 剖面图

图 4-16 中国馆实景及剖面示意图

资料来源：http://blog. sina. com. cn/s/blog_677de0520102v7yq. html
同济联合地下空间规划设计研究院

中国馆的地下冷冻机房采用冰蓄冷技术。冰蓄冷技术是利用夜间电网低谷时间,低价电制冰蓄冷将冷量储存起来,白天用电高峰时融化,与冷冻机组共同供冷,而在白天空调高峰负荷时,将所蓄冰冷量释放满足空调高峰负荷需要。这样既节省了成本,又降低了在高峰时期的对城市电网的压力。从能源合理分配角度来说也节约了能源。因为发电站是根据用电的多少来决定开启多少负荷的发电机组的。大型的机组频繁开启、关闭会对机组产生巨大损害,如果做到机组不停机,就能将天然能源更加充分地利用。中国馆的使用功能在地上与地下空间中的科学配置,实现了特大型展示建筑空间的低碳与和谐。

4.4.2 主题馆及其地下空间特色

世博会主题馆位于世博轴西侧,占地面积约 11.5 万 m^2,主题馆东西总长约 290 m,南北总宽约 400 m,总建筑面积约 13.0 万 m^2。其中,地上二层,总面积约 8.0 万 m^2,以大型展厅为主;地下一层,建筑面积约为 5.0 万 m^2,由 4 个展厅、中庭、下沉式广场以及附属用房组成,是世博会的永久保留建筑(图 4-17)。其中位于世博轴东侧的地下展厅建筑面积超过 1.2 万 m^2,由地下展厅会议空间、设备用房和停车库等组成。

(a) 实景效果图

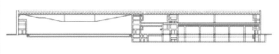
(b) 剖面图

图 4-17 主题馆实景及剖面示意图

资料来源：http://danfengbiyun. blog. sohu. com/153321007. html
同济联合地下空间规划设计研究院

主题馆不仅在"双向巨跨城市客厅"、"光电建筑一体化太阳能屋面"和"垂直绿化墙面的城市绿篱”等有设计创新之处，在开发利用地下空间，营造人性化观展环境和立体化疏散体系等方面也有独具匠心的地方。由于主题馆的排队时间可能较长，馆内除了设置前厅，方便参观者在高温天或阴雨天等候之外，还在中厅、地下室以及下沉式广场等处设置了相应的辅助和便利设施（如母婴休息室、会议室和 VIP 接待等空间），充分体现了以人为本的原则。由于主题馆参观人流量较大，突发情况下的安全疏散必须予以重视，为此利用主题馆地下空间布置了专用的应急疏散系统。考虑到主题馆的整体设计美观性，消防和规划部门决定在地下建设一条避难通道，并在馆中央设置 4 个地下逃生门。一旦发生火灾等紧急情况，距离展馆外围出入口较远的游客可以及时通过地下通道疏散逃生，形成地上地下一体化应急疏散和避难体系，确保游客人身安全。

4.4.3 世博中心及其地下空间特色

世博中心紧邻浦东滨江世博公园，北望黄浦江，南至浦明路，东起世博轴，西邻宝钢大舞台。东西长约 530 m，南北宽约 140 m，主要由地下广场、设备用房和停车库组成。在世博中心大堂内设计有一个下沉至地下室的景观广场，内部种满各种植物，其独特室内景观不仅净化了空气，而且使地下空间充满了生机和活力，见图 4-18。

(a) 实景效果图

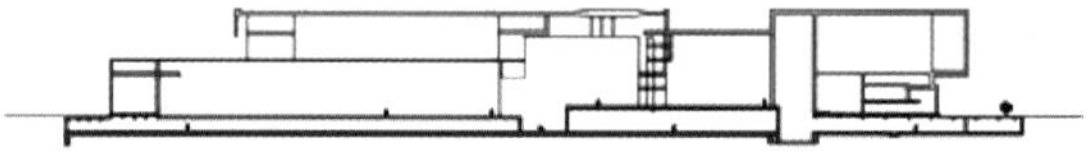

(b) 剖面图

图 4-18 世博中心实景及剖面示意图

资料来源：http://www.chn-das.com/chs/news/details.asp? articleid=555
同济联合地下空间规划设计研究院

一般的大型公共建筑之所以能耗高主要是因为空调风机、水泵机组耗电巨大，而世博中心发挥邻近黄浦江的优势，采用了江水源、冰蓄冷、水蓄冷、雨水收集等新能源技术，充分开发利用地下空间布置各种机械设备。世博中心是完全按国际标准建成的“绿色低碳”建筑，在屋顶安装了总装机 1 000 kW 的光伏电站，预计年发电量近 1 000 万 kW·h，并且可以进入市政电网。据估算，世博中心的总能耗低于国家节能标准的 80%，建筑节能率为 62.8%，非传统水资源利用率为 61.3%，可再循环建筑材料用料比为 28.9%。世博中心每年节约的能耗相当于 2 160 t 标准煤（相当于上海 1 万多户居民一年的用电量），年减少二氧化碳排放 5 600 t，年节约自来水 16 万 t。为世博会营造出真正意义上的绿色低碳建筑，并为将来建筑的低碳化发展起到示范作用。

4.4.4 世博演艺中心及其地下空间特色

世博演艺中心位于黄浦江南岸的世博核心区，用地面积约 6.7 万 m^2，总建筑面积约 12.6

万m²,其中地上为单层18 000座的多功能剧场和环绕剧馆周边的六层建筑,总面积为7.4万m²。地下建筑共两层,每层约2.6万m²。其中,地下一层为多功能娱乐场所,地下二层为地下车库、空调设备用房、水泵房、变电站,还有一个可以24小时制冰的滑冰练习场。世博演艺中心在地下与世博轴,轨交8号线、越江隧道等地下交通枢纽相连(图4-19)。

 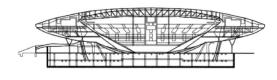

(a) 实景效果图　　　　　　　　　　　　(b) 剖面图

图4-19　世博演艺中心实景及剖面示意图

资料来源:http://danfengbiyun.blog.sohu.com/153321007.html
同济联合地下空间规划设计研究院

世博演艺中心新颖的弧形外观不仅仅凸显了新地标的时尚造型,在其中还蕴育着精妙的环保构思。下层圆弧表面形成自遮阳体系,在高温季节免受阳光直射,同时为玻璃屋顶的地下空间进行太阳漫反射采光。整体设计采用光电幕墙系统、江水源冷却系统、气动垃圾回收系统、空调凝结水与屋面雨水收集系统、程控型绿地节水灌溉系统,充分体现3R(Reduce 减量化,Reuse 再使用,Recycle 再循环)原则,并且并通过各种有效的技术手段对能源和水消耗,室内空气质量和可再生材料利用等多个方面进行控制,使世博演艺中心充分体现和谐共生和"城市,让生活更美好"的世博主题。

4.4.5　城市最佳实践区及其地下空间特色

上海世博会最佳实践区的规划建设,让城市首次作为展品直接展示在世博会中,这也是世博会历史上的一大创举。将世博园区中的新理念、新技术、新材料、新工艺集中进行示范展示,成为集中展示、交流和推广低碳城市最佳实践的全球平台,对世界未来城市的发展产生了积极的影响。

根据规划设计,在城市最佳实践区的南侧中心绿化带下建设了一座全地下式能源中心。该能源中心是世博会浦西园区的供电、供热、冷却的"心脏"。35 kV 变电站总容量为3.2万kVA,通过"主厂房变电站"、"中部展馆"、"北部街区"等9个10 kV 配电站,直接为面积达15 ha的城市最佳实践区提供安全、稳定的电力。

4.5　未来世博园片区超级"地下城市"规划

在2013年的地下空间与现代城市中心国际研讨会上提出世博园浦东区域将建成超级"地下

城市",并且在上海新一轮的规划中将成为第五个副中心。世博轴的后续开发吸取了以往地下空间规划各自为政的教训,世博园区的地上地下首次实现统一开发,"统一规划、统一设计、统一建设、统一管理"。这样可以避免出现像小陆家嘴那种尽管楼宇林立,互相之间可以看见却走不到的尴尬。

根据目前规划方案,世博浦东园区规划建设 A、B 两大片区,两大片区共计 77 万 m² 的地下空间将与原来的"一轴四馆"(世博轴、中国馆、世博会主题馆、世博中心)的地下空间全部贯通(图 4-20)。

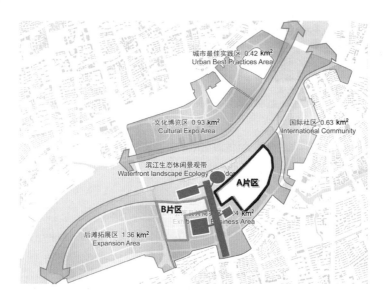

图 4-20 世博园区规划区域图

资料来源:上海市政工程设计研究总院

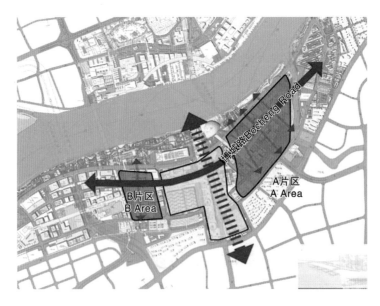

图 4-21 世博轴对 AB 片区的连接作用

资料来源:上海市政工程设计研究总院

其中 A 片区的"绿谷"项目将打造成一个集综合性商务、休闲、生活为一体的"世界级商务社区"。该项目位于 A 片区的核心区域,共含 4 个街坊、8 幅地块,地上总面积为 21 万 m²,地下 20 万 m²,地上地下开发面积比近 1∶1(图 4-22)。绿谷街坊功能高度复合,包括办公、零售、餐饮、文化、服务、酒店等,整个项目采取地下地上统一设计、地下空间统一建设的开发策略。将引入包括中国银联、浦发银行、益海嘉里、中国电子等在内的各种知名企业,涵盖了金融、能源、信息、食品等各个行业(图 4-23)。

(a) A 片区总平面图

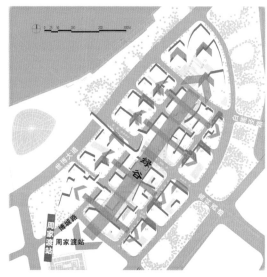

(b) "绿谷"示意图

图 4-22 A 片区规划总平面图与"绿谷"示意图

资料来源:上海市政工程设计研究总院

世博 B 片区为央企总部基地,整个片区的规划用地面积达 18.72 万 m²,共有 28 栋单体建筑,两条规划道路,地上总建筑面积 60 万 m²,地下空间面积约 45 万 m²,地上地下的开发面积比达到 4∶3。B 区块总计将引入 13 家央企总部,包括宝钢、国网、华能、中化、中外运、中信、华电、招商等央企总部。

未来世博园区地下空间的功能将包括地下道路、地下交通、车库、商场、文化娱乐、地下能源中心、市政综合管沟、建设设备用房等,几乎涵盖了地下空间开发利用的所有类型,成为名副其实的超

图 4-23 A 片区内"绿谷"意象效果图

资料来源:上海市政工程设计研究总院

级"地下城市",而且很多的绿色节能技术也会在世博园区的"地下建城"过程中得到应用。在A片区的"绿谷"建设中,在土地出让之前就将地下空间视为城市基础设施配套类建设项目,按照"四个统一"原则进行地下空间统一开发,项目地上地下统一设计,地下空间统一建设,带地下空间和地上初步设计方案进行土地出让,进一步强化了地下空间统一管理的目标。在B片区的每一幢大楼的地下空间,都可以通达轨道交通7号线、8号线和13号线;多达两万个地下停车位以及公共通道和人防工程可以实现共享。由于统一规划,每幢大楼不必建造各自的机动车地下车库出入口,仅一个出入口及坡道就可以节约地面土地 500 m²,从而可以保证B片区的绿化率达到20%左右。

在"四个统一"的原则下,不仅可以有效提高土地的利用率,改善地下空间的环境质量,而且世博园区的整体功能和品质将会迈上一个新台阶,并且有助于促进各投资方和管理方形成"公共空间"的新理念。

据了解,世博地区全部按照绿色二星级及以上的标准设计和建设。B片区有60%的建筑按照三星标准设计,其中4幢建筑按照LEED标准设计。A片区将按照控制性详细规划的要求,力争新建建筑均达到绿色三星标准。新建建筑区域可再生能源及清洁能源利用率将大于30%,整体建筑节能率高于65%。

未来的世博园区将打造成为集文化博览创意、商务总部、高端会展、旅游休闲和生态人居为一体的城市公共活动中心。整片区域的规划不同于陆家嘴,而是以上海传统街坊式的小尺度给人带来亲近、宜人的气息。并且将市民相关的公共活动引入街区中,提供更多的滨江生态空间,辅以绿化广场、绿化街道,让生态空间与公共空间更加相得益彰,让市民更多地参与分享世博成果,传播世博园区绿色、低碳的新理念。

5 低碳地下空间评估指标及指标体系建立

5.1 引言

建筑业是典型的立足于资源与能源大量消耗的产业。从世界范围来看,当代建筑活动消耗的能源占总能源的 50%,占自然资源总量的 40%,同时成为当今社会最主要的污染源,大约有一半的温室效应气体来自建筑材料的生产运输、建筑的建造以及建筑运行管理有关的能源消耗,建筑造成的垃圾占人类活动垃圾总量的 40%。

从 2006—2010 年,尽管国家开始重视建筑业能源消耗问题并开始提倡节能低碳,但年能源消费总量依然从 258 676 万 t 标准煤直线上升到 324 939 万 t 标准煤。这样的消耗速度,国内的资源很难以支撑以后的发展。作为消耗大量资源和能源的建筑业,必须发展低碳建筑,改变当前高投入、高消耗、高污染、低效率的模式,承担起可持续发展的社会责任和义务。随着低碳建筑的深入研究和发展推广,我国迫切需要一套完整的评价指标体系来为低碳建筑的发展提供有力的支撑和保证,提高建筑物的实际使用寿命,降低生产、使用过程中的资源、能源消耗,提高建筑材料的回收和再利用率,减少建筑物全生命周期的碳排放。现在面临全球碳排放过高的环境保护问题,每个工程师都有责任将节约资源与能源,减少碳排放放在重要的位置,力求建立起低碳建筑评价体系的新理念。

5.2 低碳城市地下空间建筑评估指标

5.2.1 评价指标的选取原则

评价指标是准确研究城市地下空间碳排放状态的基础,选取的评价指标是否恰当,将直接影响到最终的评估结果是否合理、可靠。评价指标选取得太多,会使得评价指标数量庞大,可能造成指标间信息重复,互相干扰;评价指标选取的太少,可能使所选取的指标缺乏足够的代表性,不能真实反映建筑情况,会产生片面性,这都会影响评估结果的准确、有效。因此,为了使所选取的评价指标具有足够的代表性和更好地反映地下空间碳排放状态,在建立低碳城市地下空间建筑体系时,选取评价指标应遵循一定的原则。

1. 科学性原则

评价指标必须概念明确,具有一定的科学内涵,能够反映低碳城市地下空间建筑某一方面的特征。

2. 相对完备性原则

评价指标应该尽可能全面、完整地反映低碳城市地下空间建筑的重要特征和重要影响因素,使评价结果准确可靠。

3. 简捷性原则

在实际的评价工作中,注重评价指标在评价过程中所起作用的大小,而不是越多越好,一般原则是应以尽量少的主要指标运用于实际的评价工作中。因此,在保证重要特征和影响因素不被遗漏的同时,应该尽可能选择主要的、有代表性的评价指标,从而减少评价指标的数量,便于计算和分析。当然,在大多数情况下,要确定最优指标集往往是很困难的,甚至很难做到的,只能尽可能的做到简捷。

4. 相对独立性原则

各评价指标应能相对独立地反映低碳城市地下空间建筑某一方面的特征,各评价指标之间应尽量去除重合部分。

5. 可操作性原则

评价指标应能通过已有手段和方法进行度量,或能在评价过程中通过经研究可获得的手段和方法进行度量。有些指标虽然听起来合理,但不容易得到或无法得到,就不切实可行,缺乏可操作性。

6. 层次性原则

将低碳城市地下空间建筑评价指标体系这个复杂问题分解为多个层次来考虑,形成一个包含多个子系统的多层次递阶分析系统,从而全面地对低碳城市地下空间建筑进行逐步深入的研究。

5.2.2 评价指标的选取

低碳城市地下空间建筑指标体系是按定义对低碳城市地下空间建筑性能的一种完整的表述,它可用于评估实际地下空间建筑与按定义表述的低碳城市地下空间建筑相比在性能上的差异。低碳城市地下空间建筑指标体系由节地与室外环境、节能与能源利用、节水与水资源利用、节材与材料资源、室内环境质量和运营管理六类指标组成。这六类指标涵盖了低碳城市地下空间建筑的基本要素,包含了建筑物全生命周期内的规划设计、施工、运营管理及回收利用等各阶段参与评定的子系统。

1. 节地与室外环境指标的选取

(1)功能优化 地下空间设施的用地应遵循优化土地资源、提高土地利用效率的原则,经过统一规划,控制容积率与建筑密度,合理布局,最大程度节约土地资源。

(2)全生命周期设计 地下空间设施应按照全生命周期设计,提高建筑使用年限,从全生命周期减少碳排放,采用新型结构体系提高设施空间利用率。

(3)保护自然生态环境 充分利用原有基地上的自然条件,注重基础设施建设与自然生态环境相协调,避免建造行为造成水土流失或者其他人为灾害,如果原基地有废弃旧建筑,应尽可能加以利用。

(4)场地安全 场地环境应安全可靠,远离污染源,并对自然灾害具备一定的抵御能力。

(5)交通规划 交通复杂的设施里,应对空间交通进行规划,减少因交通不流畅而造成的碳排放增加。

2. 节能与能源利用指标的选取

(1)可再生能源利用 节能技术应因地制宜,充分利用自然光照、风能、地热能和水资源等自然资源,采用合理的能源供给方式,节约能源减少碳排放。

(2)智能运营　建立信息化网络平台,加强对节能的管理和监视,采取智能化控制的措施,协调各能源之间的关系,做到区域整体环境的能源环境相对平衡。

3. 节水与水资源利用指标的选取

(1)分类用水　按高质高用、低质低用的原则,生活用水、景观用水和绿化用水等按等级分别供应和梯级处理回用。

(2)合理用水　合理利用雨水、再生水等水源,合理规划用水。

(3)节约用水　用水器具应选用节水器具,减少水资源的浪费。

(4)绿化灌溉　如设施内有绿化景观,优先采用微灌、渗灌、低压管灌等绿化灌溉方式。

4. 节材与材料资源指标的选取

(1)绿色材料　应采用低碳、低能耗、低排放的绿色建筑材料,减少材料在建设过程中的能耗。

(2)循环利用　提高建筑材料循环利用和再生材料的使用比例,减少不可再生资源的使用。

(3)就地取材与工业化生产　建设材料应尽量就近取材;多采用工业化生产的预制件,减少现场作业带来的浪费和环境影响。

(4)延长寿命　采用高性能、高耐久性的建设材料,延长设施的使用寿命,减少因后期维护产生的耗费和碳排放,即应通过全生命周期设计优化结构等方式,减少地下设施全生命周期内的碳排放。

5. 室内环境质量指标的选取

(1)室内舒适度　室内温度、湿度等热环境状况良好,在对应的季节内满足人体相应的室内舒适度。

(2)良好通风　保证建筑设施内部通风条件良好,在半开放或开放空间设施内以自然通风为主,尽量减少强制通风和空调通风的比重。

(3)合理照明　尽量提高自然光利用率,内部照明光源安排合理,协同改善室内照明条件,减少因照明产生的资源浪费和碳排放。

(4)空气污染控制　严格控制建筑设施内空气污染物浓度,清除室内空气污染源。

6. 运营管理指标的选取

(1)管理优化　对资源利用制定并实施管理制度,采取措施实现施工、运营期间的节能、节水、节材,减少碳排放。

(2)碳信息披露　建立完整碳信息披露制度,用于指导与监控。

(3)智能调控　智能化系统准确定位、采用先进实用的技术措施、可扩充性强,能较长时间的满足应用需要;达到安全防范子系统、管理与设备监控子系统与信息网络子系统的基本配置。

(4)维护更新　在地下设施的运营维护中,用在全生命周期内资源消耗少、环境影响小的建筑产品进行更新。

5.3 低碳城市地下空间建筑评估指标体系

地下空间设施分为地下交通设施、地下市政公用设施、地下公共服务设施、地下仓储设施、地下物流设施、地下防灾设施等。因其不同类别涉及的低碳地下空间指标区别较大,宜对各类别地下空间单独建立指标体系,不同地下空间设施同一大类指标下关键指标与分项指标稍有不同。图 5-1 至图 5-6 提出各类别低碳城市地下空间设施评价指标体系,同时对部分指标进行说明。

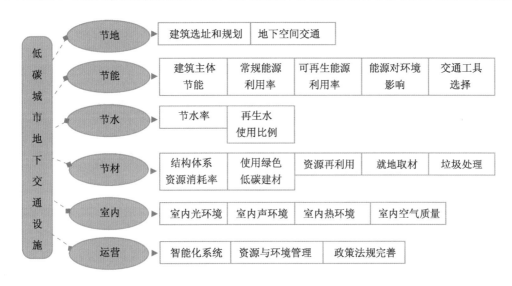

图 5-1 低碳城市地下交通设施

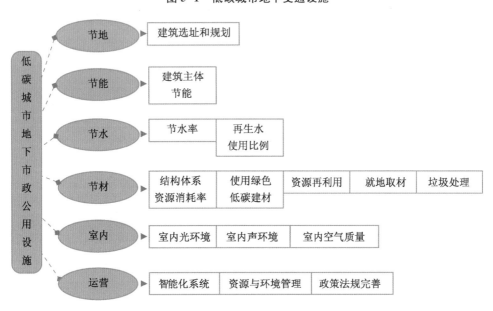

图 5-2 低碳城市地下市政共用设施

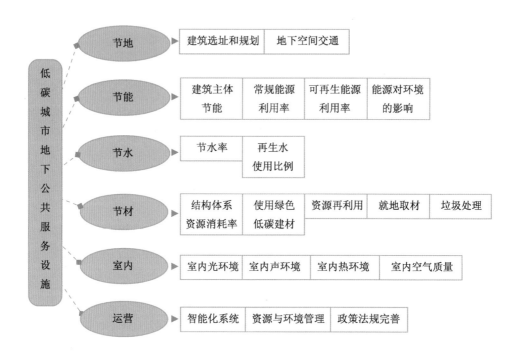

图 5-3　低碳城市地下公共服务设施

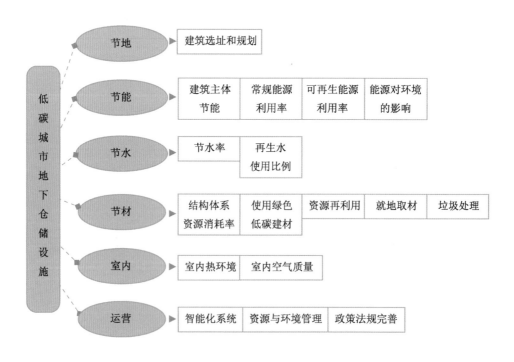

图 5-4　低碳城市地下仓储设施

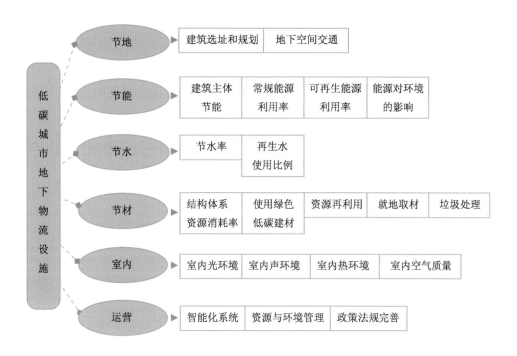

图 5-5 低碳城市地下物流设施

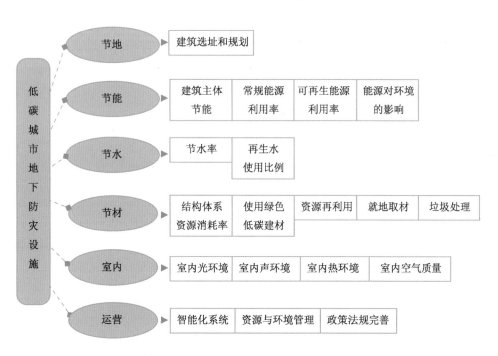

图 5-6 低碳城市地下防灾设施

以低碳城市地下交通设施为例解释部分指标。

1. 节地

（1）建筑选址和规划：包含选址、是否按全生命周期设计、是否利用旧建筑、地下建筑容积率、建筑密度等指标。

（2）地下空间交通：是否对空间交通进行规划。

2. 节能

（1）建筑主体节能：包含维护结构热工性能、空调机组性能、风机性能、照明灯具选取等指标。

（2）能源对环境影响：包含单位面积碳排放率。

（3）交通工具选择：低碳城市地下空间交通设施特有，包含万里行程碳排放量指标。城市地下交通设施、尤其是交通枢纽，交通工具种类繁多，需要优先选择碳排放率低的交通工具。

3. 节材

（1）结构体系资源消耗率：要求结构资源消耗量、能源消耗量和二氧化碳排放量综合评级，符合低碳城市地下空间标准。包含资源消耗指标、能源消耗指标、二氧化碳排放量指标、材料用量指标。

（2）资源再利用：包含从原旧建筑材料利用率、工业固体废弃物的回收、存放、贮运以及综合再利用率。

（3）就地取材：包含临近建材来源率，以距施工现场 500 km 以内生产的建筑材料用量占建筑材料总用量的比例，作为评价依据。

4. 室内

（1）室内光环境：包括自然光利用率，旨在充分利用自然光照明，节约能源，提高设施光环境质量。

（2）室内热环境：隔声、保温、安全措施是否完善。

（3）室内声环境：包含隔声减噪率。

（4）室内空气质量：包含室内游离空气污染物浓度评级。

5. 运营

（1）智能化系统：包含建筑设施内是否有完善的安全防范系统，是否有完善的设备监控系统等指标。

（2）资源与环境管理：包含节能管理、节水管理、节材管理、绿化管理、垃圾管理等指标。

（3）政策法规完善：包含碳信息披露制度建立。

5.4　低碳城市地下空间建筑评价标准

低碳城市地下空间建筑评价标准包括以下 6 个方面：①节地；②节能；③节材；④节水；⑤室内；⑥运营。各方面的评价标准包括控制项、一般项和优选项三类。其中，控制项为评为低碳城市地下空间建筑的必备条款；优选项主要指实现难度较大、指标要求较高的项目。

各类设施分项指标如表 5-1 所列。

表 5-1　　　　　　　　　　低碳城市地下空间评价标准表

分类 / 分项		地下交通设施	地下市政共用设施	地下公共服务设施	地下仓储设施	地下物流设施	地下防灾设施
节地(A)	控制项	A-1-1 A-1-2 A-1-3 A-1-4 A-1-5	A-1-1 A-1-2 A-1-4	A-1-1 A-1-2 A-1-3 A-1-4	A-1-1 A-1-2 A-1-3 A-1-4	A-1-1 A-1-2 A-1-3 A-1-4	A-1-1 A-1-2 A-1-3 A-1-4
	一般项	A-2-1 A-2-2 A-2-3	A-2-2 A-2-3	A-2-1 A-2-2 A-2-3	A-2-1 A-2-2 A-2-3	A-2-1 A-2-2 A-2-3	A-2-1 A-2-2 A-2-3
	优化项	A-3-2 A-3-3	A-3-2 A-3-3	A-3-1 A-3-2 A-3-3	A-3-2 A-3-3	A-3-2 A-3-3	A-3-2 A-3-3
节材(B)	控制项	B-1-1 B-1-2 B-1-3 B-1-4 B-1-5	B-1-1 B-1-3 B-1-4 B-1-5	B-1-1 B-1-2 B-1-3 B-1-4 B-1-5	B-1-1 B-1-2 B-1-3 B-1-4 B-1-5	B-1-1 B-1-2 B-1-3 B-1-4 B-1-5	B-1-1 B-1-2 B-1-3 B-1-4 B-1-5
	一般项	B-2-1 B-2-2 B-2-3 B-2-4	B-2-1 B-2-4	B-2-1 B-2-2 B-2-3 B-2-4	B-2-1 B-2-2 B-2-3 B-2-4	B-2-1 B-2-2 B-2-3 B-2-4	B-2-1 B-2-2 B-2-3 B-2-4
	优化项	B-3-1 B-3-2	B-3-2	B-3-1 B-3-2	B-3-1 B-3-2	B-3-1 B-3-2	B-3-1 B-3-2
节能(C)	控制项	C-1-1 C-1-2 C-1-3 C-1-4 C-1-5	C-1-2 C-1-5	C-1-1 C-1-2 C-1-3 C-1-4	C-1-1 C-1-2 C-1-3 C-1-4	C-1-1 C-1-2 C-1-3 C-1-4	C-1-1 C-1-2 C-1-3 C-1-4
	一般项	C-2-1 C-2-2 C-2-3 C-2-4 C-2-5 C-2-6 C-2-7 C-2-8 C-2-9	C-2-2 C-2-6 C-2-7	C-2-1 C-2-2 C-2-3 C-2-4 C-2-5 C-2-6 C-2-7 C-2-8 C-2-9	C-2-1 C-2-2 C-2-3 C-2-4 C-2-5 C-2-6 C-2-7 C-2-8 C-2-9	C-2-1 C-2-2 C-2-3 C-2-4 C-2-5 C-2-6 C-2-7 C-2-8 C-2-9	C-2-1 C-2-2 C-2-3 C-2-4 C-2-5 C-2-6 C-2-7 C-2-8 C-2-9
	优化项	C-3-1 C-3-3 C-3-4 C-3-5	C-3-4 C-3-5	C-3-1 C-3-2 C-3-3 C-3-4 C-3-5	C-3-1 C-3-3 C-3-4 C-3-5	C-3-1 C-3-3 C-3-4 C-3-5	C-3-2 C-3-3 C-3-4 C-3-5

续 表

分项＼分类		地下交通设施	地下市政共用设施	地下公共服务设施	地下仓储设施	地下物流设施	地下防灾设施
节水(D)	控制项	D-1-1 D-1-2 D-1-3 D-1-4 D-1-5 D-1-6	D-1-2 D-1-4 D-1-5	D-1-1 D-1-2 D-1-3 D-1-4 D-1-5 D-1-6	D-1-1 D-1-2 D-1-3 D-1-4 D-1-5 D-1-6	D-1-1 D-1-2 D-1-3 D-1-4 D-1-5 D-1-6	D-1-1 D-1-2 D-1-3 D-1-4 D-1-5 D-1-6
	一般项	D-2-1 D-2-2 D-2-3 D-2-4 D-2-5 D-2-6		D-2-1 D-2-2 D-2-3 D-2-4 D-2-5 D-2-6	D-2-1 D-2-2	D-2-1 D-2-2	D-2-1 D-2-2
	优化项	D-3-1 D-3-2		D-3-1 D-3-2 D-3-3	D-3-1 D-3-2	D-3-1 D-3-2	D-3-1 D-3-2
室内(E)	控制项	E-1-1 E-1-2 E-1-3 E-1-4	E-1-1 E-1-2 E-1-3	E-1-1 E-1-2 E-1-3 E-1-4	E-1-1 E-1-2 E-1-3 E-1-4	E-1-1 E-1-2 E-1-3 E-1-4	E-1-1 E-1-2 E-1-3 E-1-4
	一般项	E-2-1 E-2-2 E-2-3	E-2-1 E-2-2	E-2-1 E-2-2 E-2-3	E-2-1 E-2-2 E-2-3	E-2-1 E-2-2 E-2-3	E-2-1 E-2-2 E-2-3
	优化项	E-3-1	E-3-1	E-3-1	E-3-1	E-3-1	E-3-1
运营(F)	控制项	F-1-1 F-1-2	F-1-1 F-1-2	F-1-1 F-1-2	F-1-1 F-1-2	F-1-1 F-1-2	F-1-1 F-1-2
	一般项	F-2-1 F-2-2 F-2-3 F-2-4 F-2-5	F-2-1 F-2-2 F-2-3 F-2-4 F-2-5	F-2-1 F-2-2 F-2-3 F-2-4 F-2-5	F-2-1 F-2-2 F-2-3 F-2-4 F-2-5	F-2-1 F-2-2 F-2-3 F-2-4 F-2-5	F-2-2 F-2-3 F-2-4 F-2-5
	优化项	F-3-1	F-3-1	F-3-1 F-3-2	F-3-1	F-3-1	F-3-1

注：

节地(A)指标项：

A-1-1. 建筑场地选址无洪涝、泥石流及含氡土壤的威胁，建筑场地安全范围内无电磁辐射危害和火、爆、有毒物质等危险源。

A-1-2. 建筑物不破坏当地文物、自然水系、湿地、基本农田、森林和其他保护区。

A-1-3. 充分开发利用地下空间，确定合适的地下容积率与建筑密度。

A-1-4. 按全生命周期设计建筑设施。

A-1-5. 进行空间交通规划。

A-2-1. 选用已开发且具城市改造潜力的用地或利用原废弃建筑进行建设，若为已污染的废弃地，需要对污染土地进行处理并达到有关标准。

A-2-2. 建筑物内部及附近无污染散发源。

A-2-3. 采取有效措施,减少因开发而引起对环境的负面影响

A-3-1. 建筑内部绿化率不低于 10%。

A-3-2. 尽可能保持和利用原有地形、地貌。

A-3-3. 对自然水系和形态做出评估,保证设施建筑不会破坏自然水系。

节材(B)指标项:

B-1-1. 结构资源消耗量、能源消耗量和二氧化碳排放量符合标准。包含资源消耗指标、能源消耗指标、二氧化碳排放量指标、材料用量指标

B-1-2. 附近建材来源率。本地化指标,计算单体建筑结构在建造,过程中所用建筑材料与机具运输距离的平均分值。

B-1-3. 可回收、再生、重复使用的建材使用率达到标准。

B-1-4. 经产品评估绿色低碳材料使用率超过 50%

B-1-5. 采用集约化生产的建筑材料、构件和部品率达到标准。

B-2-1. 工业固体废弃物的回收、存放、贮运以及综合再利用率达到标准。

B-2-2. 使用耐久性好建筑材料,如高强度钢、高性能混凝土等建筑材料。

B-2-3. 结构施工与装修工程一次施工到位,不破坏和拆除已有的建筑构件及设施,装修时避免重复装修与材料浪费。

B-2-4. 在保证性能的前提下,优先使用工业或生活废弃物生产的建筑材料。

B-3-1. 建筑所在地原旧建筑结构和材料的利用率达到标准。

B-3-2. 从全生命周期(包括材料的生产、运输、使用、维护、废弃、再生利用等)评价并优选所用建筑材料。

节能(C)指标项:

C-1-1. 单位面积碳排放量低于参照建筑基准值。

C-1-2. 围护结构热工性能指标符合国家和地方公共建筑节能标准的有关规定。

C-1-3. 空调采暖系统的冷热源机组能效比符合国家和地方公共建筑节能标准的有关规定。

C-1-4. 建筑采暖与空调热源选择,符合《公共建筑节能设计标准》规定。

C-1-5. 照明采用高效光源和高效灯具。

C-2-1. 采用适宜的蓄冷蓄热技术和新型节能的空气调节方式。

C-2-2. 采取切实有效的热回收措施,设计为可以直接利用室外新风的空调系统。

C-2-3. 通风空调系统在建筑部分负荷和部分空间利用时不降低能源利用效率。

C-2-4. 风机的单位风量耗功率和冷热水系统的输送能效比符合《公共建筑节能设计标准》GB50189 第 5.3.26、5.3.27 条的规定。

C-2-5. 建筑需蒸汽或生活热水选用余热或废热利用等方式提供。

C-2-6. 采用太阳能、地热、风能等可再生能源利用技术。

C-2-7. 地下空间内部建筑自控系统功能完善,各子系统均能实现自动检测与控制。

C-2-8. 采用光导、声控、光控等自动控制措施。

C-2-9. 污染物排放符合国家及地方相关标准。

C-3-1. 采用智能交通系统提高交通效率,最大限度消减无效碳排放。

C-3-2. 对于直接以天然气作为一次能源的系统,采用分布式热电冷联供技术和回收燃气余热的燃气热泵技术,提高能源的综合利用率。

C-3-3. 可再生能源的使用占建筑总能耗的比例大于 5%。

C-3-4. 建筑冷热源、空调输配系统、照明、生活热水等部分能耗实现分项和分区域计量。

C-3-5. 采用具有地方特色、经济可行的建筑主体节能技术创新。

节水(D)指标项:

D-1-1. 根据建筑类型、气候条件、用水习惯等制定水系统规划方案,统筹考虑传统与非传统水源的利用,降低用水定额。

D-1-2. 节水率指标不低于 20%。

D-1-3. 设置完善的供水系统,水质达到国家或行业规定的标准,且水压稳定、可靠。

D-1-4. 管材、管道附件及设备等供水设施的选取和运行不应对供水造成二次污染,并应设置用水计量仪表和采取有效措施防止和检测管道渗漏。

D-1-5. 合理选用节水器具,节水率不低于 20%。

D-1-6. 再生水利用率不低于 20%

D-2-1. 在降雨量大的缺水地区,选择经济、适用的雨水处理及利用方案。

D-2-2. 在缺水地区,优先利用附近集中再生水厂的再生水;附近没有集中再生水厂时,通过技术经济比较,合理选择其他再生水水源和处理技术。

D-2-3. 采用微灌、渗灌、低压管灌等绿化灌溉方式,与传统方法相比节水率不低于10%。

D-2-4. 优先采用雨水和再生水进行灌溉。

D-2-5. 景观选用技术先进的循环水处理设备,采用节水和卫生的换水方式。

D-2-6. 景观用水采用非传统水源,且用水安全。

D-3-1. 用水定额、用水量估算及水量平衡计算科学、合理,符合所在区域水资源情况。

D-3-2. 沿海缺水地区直接利用海水冲厕,且用水安全。

D-3-3. 办公楼、商场类建筑中非传统水源利用率在60%以上。

室内(E)指标项:

E-1-1. 建筑内部具备良好的通风条件,室内新风量符合《民用建筑供暖通风与空气调节设计规范》GB50736规定或其他建筑相关标准规定。

E-1-2. 地下建筑布局设计利用自然光面积达到10%以上。

E-1-3. 建筑内部游离空气污染物浓度评级达到标准。

E-1-4. 隔声、保温、安全保障等设施完备。

E-2-1. 建筑内光源位置设置合理

E-2-2. 空调室内温度调节范围合理且控制方式恰当。

E-2-3. 合理选择建筑构件,使建筑构件空气声隔声性能达到(A声级)

E-3-1. 选取低噪声设备,采取减振隔振措施,降低设备噪声。

运营(F)指标项:

F-1-1. 制定并实施节能、节水、节材与绿化管理制度。

F-1-2. 水、电、燃气、采暖与(或)空调分类计量。

F-2-1. 物业管理部门通过ISO14001环境管理体系认证。

F-2-2. 碳信息披露制度建立

F-2-3. 智能化系统定位正确,采用的技术先进实用、系统可扩充性强,能较长时间的满足应用需求;达到安全防范子系统、管理与设备监控子系统与信息网络系统的基本配置

F-2-4. 运营过程具有节约资源计划书,采取具体措施有效实现施工及运行过程中的节能、节水、节材。

F-2-5. 采用全生命周期内资源消耗少,环境影响小的建筑产品、办公产品、公共服务产品。

F-3-1. 指定垃圾管理制度,对垃圾清运进行有效控制

F-3-2. 制定绿化管理制度,落实管理人员与管理措施。

5.5 本章小结

本章参考国内外绿色建筑相关评价标准,考虑地下建筑环境的特殊性,以"低碳"为目的,对不同地下空间设施类型分别建立低碳城市地下空间指标体系。该指标体系沿用我国《绿色建筑评价标准》指标分类,按节地与室外环境、节能与能源利用,节水与水资源利用,节材与材料资源,室内环境和运营管理分为六大类指标,综合考虑不同地下建筑设施类型的差异性,可初步用于对不同地区、不同类型地下空间设施作低碳评价。

6　绿色建筑评价标准适用性研究

本书所提出"低碳城市地下空间指标体系"主体来源于《绿色建筑评价标准》,本章通过对绿色建筑评价标准的分析来探讨标准体系的适用性。

6.1 我国绿色建筑评价标准介绍

我国在绿色建筑评估体系方面,已经建立了若干套绿色建筑评价体系的框架,其中最权威的是《绿色建筑评价标准》。

为贯彻执行节约资源和保护环境的国家技术经济政策,推进可持续发展,规范绿色建筑的评价,建设部于 2006 年 3 月 16 日公布了《绿色建筑评价标准》,并于 2006 年 6 月 1 日起实施。该标准的编制原则为:①借鉴国际先进经验,结合我国国情;②重点突出"四节"与环保要求;③体现过程控制;④定量与定性相结合;⑤系统性与灵活性相结合。

《绿色建筑评价标准》用于评价住宅建筑和公共建筑中的办公建筑、商场和旅馆建筑。其主要评价指标体系包括以下六大指标:①节地与室外环境;②节能与能源利用;③节水与水资源利用;④节材与材料资源利用;⑤室内环境质量;⑥运营管理(住宅建筑)/全生命周期综合性能(公共建筑)。各大指标中的具体指标分为控制项、一般项和优选项三类。其中,控制项为评价绿色建筑的必备条款;优选项主要指实现难度较大、指标要求较高的项目。对同一对象,可根据需要和可能分别提出对应于控制项、一般项和优选项的指标要求。对住宅建筑,原则上以住区为对象,也可以单栋住宅为对象进行评价。对公共建筑,以单体建筑为对象进行评价。对住宅建筑或公共建筑的评价,在其投入使用一年后进行。

绿色建筑的必备条件为全部满足控制项要求。按满足一般项和优选项的程度,绿色建筑划分为三个等级(表 6-1 和表 6-2)。

表 6-1 划分绿色建筑等级的项数要求(住宅建筑)

等级	一般项数(共 40 项)						优选项数(共 6 项)
	节地与室外环境(共 9 项)	节能与能源利用(5 项)	节水与水资源利用(共 7 项)	节材与材料利用(共 6 项)	室内环境质量(共 5 项)	全生命周期综合性能(共 8 项)	
★	4	2	3	3	2	5	—
★★	6	3	4	4	3	6	2
★★★	7	4	6	5	4	7	4

注:根据《绿色建筑评价标准》绘制。

表 6-2   划分绿色建筑等级的项数要求(公共建筑)

等级	一般项数(共 43 项)						优选项数(共 21 项)
	节地与室外环境(共 8 项)	节碳与能源利用(10 项)	节水与水资源利用(共 6 项)	节材与材料利用(共 5 项)	室内环境质量(共 7 项)	全生命周期综合性能(共 7 项)	
★	3	5	2	2	2	3	—
★★	5	6	3	3	4	4	6
★★★	7	8	4	4	6	6	13

注:根据《绿色建筑评价标准》绘制。

近年来为了有效推动低碳城市发展,上海市在节能减排、产业结构调整、以及环境保护等领域积极开展了系列工作。2010 年和 2011 年相继修订出台了《上海市节约能源条例》及《上海市建筑节能条例》。为加强低碳建设法制法规建设,又出台一系列政策开展低碳发展实践区试点工作,以进一步发挥后世博低碳效应。

6.2 绿色建筑评价体系比较分析

围绕绿色建筑的推广和发展要求,国外近年来发展出了一些绿色建筑评价预测体系,并有相应的标准和模拟软件来支持操作。如美国 LEED 绿色建筑评估体系、日本 CASBEE 社区生态评价体系、德国的生态导则 LNB,英国的 BREEM 评估体系、加拿大的 GBTool、法国的 ESCALE、澳大利亚的建筑环境评价体系 NABERS、挪威的 Eco Profile 等,其他一些国家或地区也相继推出了针对绿色建筑设计的评价体系。这些评价体系基本上都涵盖了绿色建筑的几大主题,并制定了定量的评分体系,对评价内容尽可能采用模拟预测的方法得到定量指标,再根据定量指标进行分级评分。

我国的绿色建筑的建设还处于初期研究阶段,缺乏实践经验,许多相关的技术研究领域还是空白。经过近年来的探索发展,随着《中国生态住宅技术评估手册》、《绿色建筑评价标准》等的提出,标志着我国绿色建筑评价体系已经从纯住宅评价拓展到了公共建筑评价的领域,使绿色建筑评价体系的适用性及适用面大大增加。

综合比较国内外各国绿色建筑评价体系,各国评价体系在指标内容构成和侧重点上有较大的差别,这是因为各国国情有所不同,因此对于生态建筑内涵的诠释各有偏重。表 6-3 列出了各国绿色建筑评价体系的分析比较表。

表 6-3　　　　　　　　　典型绿色建筑评价体系评价方法比较表

	GBTool	LEED	BREEM	CASBEE	绿色建筑评价标准
评价内容	A. 可持续发展现场				
	1. 对现场和邻近建筑物的影响	1. 开发现场选择 2. 可供选择的交通工具公共设施 3. 减少对现场的干扰	1. 可替代的交通设施 2. 回收设施 3. 土地再利用 4. 污染土地的整治和使用	1. 减少大气污染 2. 减少噪声、震动、恶臭 3. 确保营造生物环境	1. 区位选址 2. 场地的环境 3. 场地的公共服务设施和公共交通
	B. 能源消耗				
	1. 全生命周期能源使用	1. 最优能源绩效 2. 重复使用能源 3. 附加任命 4. 计量和证明 5. 绿色能源	1. 计量 2. 二氧化碳排放 3. 耗能系统效率	1. 降低建筑物冷热负荷 2. 可再生能源有效利用 3. 设备系统高效化	1. 建筑主体节碳 2. 常规能源系统的优化利用 3. 可再生能源
	C. 材料和资源的消耗				
	1. 土地使用和土地生态价值变化 2. 材料净使用	1. 建筑重新使用 2. 施工废物管理 3. 资源重新使用 4. 地方和地区材料 5. 迅速重复使用材料 6. 被认证的木材	1. 石棉消减 2. 结构重用 3. 立面材料 4. 可持续使用木材	1. 资源再利用 2. 可持续木材 3. 健康无害材料 4. 建筑物主体再利用 5. 避免使用氟利昂	1. 使用可再循环建筑材料 2. 建筑固体废弃物分类处理,回收,利用 3. 就地取材
	D. 水资源系统				
	1. 水的净使用 2. 液体排放物	1. 景观用水效率 2. 创新废水技术 3. 减少用水	1. 消费减少 2. 计量措施 3. 泄漏监测	1. 节水 2. 雨水利用 3. 污水再利用	1. 综合利用各种水资源 2. 避免管网漏损 3. 节水器具与设施 4. 使用非传统水源
	E. 气环境				
	1. 建筑物气体排放 2. 使臭氧减少的物质排放 3. 导致酸雨的其他排放 4. 空气质量和通风	1. 二氧化碳监测 2. 增加通风有效性 3. 低放射材料 4. 室内化学和污染源控制 5. 系统可控性	1. 通风	1. 新风	1. 室内、外空气质量 2. 自然通风技术
	G. 光环境系统				
	1. 日光照明和可视通道	1. 采光和景观	1. 照明	1. 自然光利用 2. 眩光控制 3. 照度 4. 照明控制	1. 日照与采光 2. 室内光环境
	H. 热环境系统				

续　表

	GBTool	LEED	BREEM	CASBEE	绿色建筑评价标准
评价内容	1. 空气温度	—	1. 加湿 2. 热舒适	1. 室温控制 2. 湿度控制 3. 空调方式	1. 室内热环境
	I. 废弃物管理(固体)				
	1. 固体废弃物	1. 施工废物管理	1. 废物回收 2. 污染最小化		1. 施工废物管理 2. 垃圾处理
	J. 绿化系统				
					1. 小区绿化
	K. 经济性能				
	1. 全生命周期成本 2. 投资成本 3. 运行和维护费用				1. 经济效益、社会效益和环境效益相统一
	L. 创新				
	—	1. 设计创新 2. LEED 职业评估	1. 生态系统维护(土地主要生态系统保持生物多样性)	1. 要求建筑的合理排列与景观造型	
特点	1. 指标繁多,过于细腻,难以操作 2. 具有国际性和地区性,评价准则灵活 3. 从全生命周期的角度来评价 4. 考虑了土地指标和经济指标	1. 具有透明性和可操作性 2. 指标要素考虑了可持续的要求 3. 对一些管理方面的规划、方案要求高	1. 基于全生命周期理论 2. 条款是评价系统,反映绿色建筑相对表现 3. 强大的数据库支撑决策分析 4. 评估过程太复杂	1. 成功将环境负荷和建筑物的环境质量与性能相结合,使建筑物综合环境性能从理念上明确化,在表现形式上简明化	1. 重点突出"四节"(节碳、节地、节水、节材)和环境保护 2. 定性与定量相结合 3. 体现过程控制
评价对象	新建或改建的中等规模办公建筑、学校及住宅	评价新建和已建的商业住宅、公共住宅及高层住宅建筑	评价新建成阶段和翻修建成阶段的建筑,被使用的现有建筑,闲置的现有建筑	评价新建和已建的商业住宅、公共住宅及高层住宅建筑	评价住宅建筑和公共建筑中的办公建筑、商场建筑和旅馆建筑
评分机制	所有性能标注和子标准的评价等级设定为:−2 分到+5 分 8 个等级,低层次指标得分乘以权重后相加得到高层次指标分数。评价结果不分等级,仅用于和其他项目进行横向和纵向比较	共 69 个得分点,分四级: 通过:26～32 分 银奖:33～38 分 金奖:39～51 分 白金:52～69 分	共 9 项大指标(最高可能分 996),分四级: 优秀:大于 675 分 很好:530～695 分 好:385～550 分 通过:235～405	采用 5 级评分方式,满足最低条件(法律规定)被评定为 1 分,到达较高水平为 5 分。按照一定方法求得 SQ 和 SLR。BEE＝25×(SQ−1)/25×(5−SLR)	绿色建筑必须满足控制项要求。按满足一般项和优选项的程度,绿色建筑划分为三个等级

6.3 绿色建筑评价标准应用于低碳城市地下空间评价的适用性

我国的绿色建筑评价体系在不断发展、完善,逐渐涵盖了住宅与公共建筑,且在指标项目的组织上,采用了树状分支的多层级结构形式,并在我国实践中进行了初步试用,取得不错效果。绿色概念与低碳概念在一定程度上相近,部分评价指标有借鉴之处。但要将绿色建筑评价标准应用到低碳城市地下空间评价标准上,仍需作大量改进。主要考虑以下几个方面。

(1)绿色建筑评价指标体系一般针对地面住宅与公共建筑,地下与地面环境条件、施工条件差别很大,部分指标不再适用或需要增添指标。对于地下设施,大部分因无法考虑节地且并不是为人们生活居住而建造,节地、节水、室内环境指标大部分不宜采用。

(2)地下建筑分类较多,类别之间形态与用途差异很大,单一评价指标体系不再合适。以城市地下市政公用设施与城市地下交通设施为例,前者主要是管线埋布、下水道修建等,空间小,基本不用考虑空间环境,人流、车流等问题,后者则要考虑。不同形态、不同用途的地下设施很难用同一套评价标准评价,地下空间需要对不同类别地下设施分类评价。

(3)绿色建筑评价指标体系未对几大指标确定权重,不能反映关键指标的重要性,较为笼统。对于绿色建筑的评价,应以绿化环保与节材作为重要指标。对于低碳地下建筑的评价,应以契合了低碳发展主题的节碳减排、减少对环境影响以及智能化管理作为最重要的指标,各指标之间权重应有调整。

(4)绿色建筑评价指标体系打分法太过笼统,定性化的指标操作不能满足定量化评分的要求,不能精确、具体地评判建筑建设情况。低碳城市地下空间的评价标准需要做到对各不同地区、不同建筑类型,因地制宜地定量打分和评价。

6.4 改进建议

通过对现行《绿色建筑评价体系》及国外 LEED、BREEM、CASBEE 等绿色建筑评价体系的深入研究,结合城市地下空间不同类型的特点分析,基于"低碳评价"这一目的,提出低碳城市地下空间评价指标及体系的改进建议。该评价体系沿用《绿色建筑评价体系》的 6 个基本准则:节地与室外环境、节能与能源利用、节水与水资源利用、节材与材料资源利用、室内环境质量和运营管理。在 6 个基本准则内去除因客观条件不适用于地下的评价指标,添加一系列关于"碳排放"的指标。因其地下空间 6 种类别设施之间差异较大,对不同类别分别建立评价指标体系,并且权重有所侧重。同时对评价体系的评价指标进行量化操作,优化了打分法,具体说明如下。

对各具体指标,预先定量出"最优点"和"最差点"的各项目目标值,并分类采用 9/7/5 分制进行打分,即对最优点而言,则一律取最高分"9/7/5"分,对最差点而言,一律取最低分"1"分,具体指标得分按照项目完成情况确定。以 9 分制为例,某项指标完成度达到 80%,可得到 7 分,完成 70% 得 5 分,如此类推。(8、6、4、2 分介于 9、7、5、3、1 分之间,根据评价者判断打分)7 分制与 5 分制打分方法同 9 分制。9 分制对应于评价指标中的优选项指标,此类评价指标重要性最强;7 分制对应于一般性指标,其重要性一般;5 分制对应于控制项指标,控制项指标最为基本。

确定了优选项、一般项和控制项指标的分制后,针对不同地区不同类别的地下设施的不同指标,还可以根据需求将部分指标分制提高或将该项指标权重提高,如表 6-4 所列。

表 6-4　　　　　　　　　　　　低碳城市地下交通评价方法节地与室外环境

基本准则	指标类别	基本指标	得分				
节地与室外环境	控制项	1. 建筑场地选址无洪涝、泥石流及含氡土壤的威胁,建筑场地安全范围内无电磁辐射危害和火、爆、有毒物质等危险源			5	3	1
		2. 建筑物不破坏当地文物、自然水系、湿地、基本农田、森林和其他保护区			5	3	1
		3. 充分开发利用地下空间,确定合适的地下容积率与建筑密度			5	3	1
		4. 是否按全生命周期设计建筑设施			5	3	1
		5. 是否进行空间交通规划			5	3	1
	一般项	1. 选用已开发且具城市改造潜力的用地或利用原废弃建筑进行建设,若为已污染的废弃地,需要对污染土地进行处理并达到有关标准		7	5	3	1
		2. 建筑物内部及附近无污染散发源		7	5	3	1
		3. 采取有效措施、减少因开发而引起对环境的负面影响		7	5	3	1
	优选项	1. 尽可能保持和利用原有地形、地貌	9	7	5	3	1
		2. 对自然水系和形态做出评估,保证设施建筑不会破坏自然水系	9	7	5	3	1

注:数字表示各基本指标的得分。

运用表 6-4 中的内容进行计算的方式如表 6-5 所列。

表 6-5　　　　　　　　　　　　低碳城市地下交通得分明细表示例

基本准则	权重分数	得分率	分项总分	项目评价总得分
节地与室外环境	0.5~1.5	得分/总分	权重分数×得分率	
节能与能源利用				
节材与材料利用				(各项基本准则分项得分之和/6)×100%
节水与水资源利用				
室内环境				
运营管理				

注:权重分数可调。

通过以上一系列操作,将一些偏向定性化的指标定量打分,将各基本准则根据实际工程要求、环境、规模予以权重区别,使其评分更加精确、科学、易于接受和更适应评价需要。最后以百分制来测算低碳城市地下空间的总得分,总得分为 6 项基本准则得分之和。得到具体评分后对照表 6-6 来评定等级。

表 6-6　　　　　　　　　　得分对照评定等级表

等级	各项准则得分之和
及格	50＜得分≤60
★(一星)	60＜得分≤70
★★(二星)	70＜得分≤80
★★★(三星)	80＜得分

以"绿轴"项目为例("绿轴"项目在第八章有相关介绍和计算)应用以上评估方法,如表6-7和6-8所列。

表 6-7　　　　　　　　"绿轴"项目地下交通评价方法节地与室外环境

基本准则	指标类别	基本指标	得分
节地与室外环境	控制项	1. 建筑场地选址无洪涝、泥石流及含氡土壤的威胁,建筑场地安全范围内无电磁辐射危害和火、爆、有毒物质等危险源	5
		2. 建筑物不破坏当地文物、自然水系、湿地、基本农田、森林和其他保护区	5
		3. 充分开发利用地下空间,确定合适的地下容积率与建筑密度	3
		4. 是否按全生命周期设计建筑设施	3
		5. 是否进行空间交通规划	3
	一般项	1. 选用已开发且具城市改造潜力的用地或利用原废弃建筑进行建设,若为已污染的废弃地,需要对污染土地进行处理并达到有关标准	1
		2. 建筑物内部及附近无污染散发源	7
		3. 采取有效措施、减少因开发而引起对环境的负面影响	5
	优选项	1. 尽可能保持和利用原有地形、地貌	3
		2. 对自然水系和形态作出评估,保证设施建筑不会破坏自然水系	7

表 6-8   低碳城市地下交通得分明细表示例

基本准则	权重分数	得分率	分项总分	项目评价总得分
节地与室外环境	1.2	42/64	0.787 5	（各项基本准则分项得分之和/6）×100%
节能与能源利用	1.2	—	—	
节材与材料利用	0.8	—	—	
节水与水资源利用	1.2	—	—	
室内环境	0.8	—	—	
运营管理	0.8	—	—	

7 地下工程碳排放测算技术研究

本书前面章节着重建立低碳城市地下空间指标评分评价方式,但可以看出指标选取并不能涵盖所有范围,部分定性化指标打分可能因为人力判断偏差而不准确。故仍需要建立更科学有效的评价方式来进一步指导与评价低碳城市地下空间工程。本章重点介绍对建筑和环境碳排放进行计量,而开发的地下工程全生命周期碳足迹计算器。

低碳地下建筑的碳排放检测主要分为施工阶段和运营阶段的碳排放检测,涉及能源的碳排放与相关生产活动的碳排放检测。检测地下建筑的碳排放,对各环节碳排放进行计算和统计,对指导地下建筑全生命周期节碳减排具有重要意义。

7.1 全生命周期碳足迹

7.1.1 碳足迹

碳足迹(carbon footprint)是在生态足迹的概念基础上提出的,是对某种活动引起的(或某种产品生命周期内积累的)直接或间接的二氧化碳排放量的度量。碳足迹既可以被定义为与一项劳动以及产品的整个生命周期过程所直接与间接产生的二氧化碳排放量,也可以是特定活动、特定产业或特定地区的二氧化碳和其他温室气体的总排放量。小到每个人、每个企业,大到每个地区、每个国家都有自己的碳足迹,它是人类活动对于生态环境影响的一种量度。以二氧化碳为标准计算其产生的温室气体排放量,相较于一般大家了解的温室气体排放量,碳足迹的不同之处在于其是从消费者端出发,破除所谓"有烟囱才有污染"的观念。特别是在这全球化时代,面对全球变暖的问题,若仅关注自己国家的碳排放削减量,并不足以应对当前的严峻状况。依照英国的有关调查则指出,虽然英国在 1992—2004 年间,本国的温室气体排放量下降了 5%,但实际上,若将其因消费所导致的间接温室气体排放量纳入时,其排放量反而是上涨了 18%。另外的研究亦指出,虽然中国现在总温室气体排放量已超越美国,成为世界第一,但其排放温室气体总量中,有高达 23% 是因其为了制造产品满足先进国家生活所需而间接导致的。

碳足迹在一定意义上就是指二氧化碳的排放量。这个概念以形象的"足迹"作为比喻,说明了我们每个人都在天空中不断增多的温室气体中留下了自己的痕迹。碳足迹的多少程度反映出对地球大气的剥削程度。它包括两部分:一是燃烧化石燃料(如家庭能源消费与交通)排放出二氧化碳的直接(初级)碳足迹,又叫第一碳足迹;二是人们所用产品从其制造到最终分解的整个生命周期排放出二氧化碳的间接(次级)碳足迹,又叫第二碳足迹。

由前面叙述可知,采用碳足迹的概念,将个人或企业活动相关的温室气体排放量纳入考量时,方能拟定出合适的低碳生活以及减碳计划,否则可能仅导致污染源转移,实质上并未减少排碳量的假象。而如前定义中所称,碳足迹要从劳动与产品的全生命周期进行分析,即不能仅关注产品使用阶段,更需前溯至原料开采、制造,乃到最终废弃处理阶段,均纳入碳足迹的计算范围。而要达成此目的,则需应用国际上发展已久的全生命周期评估方法,方能提升碳足迹计算的可信度与便捷性。

7.1.2 碳足迹全生命周期评估法

碳足迹分析方法需要从全生命周期的视角分析碳排放的整个过程,并将个人或企业活动相关的温室气体排放量纳入考虑,可以深度分析碳排放本质的全部过程,进而方便从源头上制定科学合理的碳减排计划。碳足迹生命周期评估属于系统分析方法之一,其含义为:对产品系统自原物料的取得到最终处置的全生命周期中产生的二氧化碳进行核算评估,包括从原料开采、加工、运输、生产到废弃物处理的全过程。在这里所谓的产品系统,不仅包括实体产品,亦包括服务系统。而需要评估的环境影响,通常包括资源使用、人体健康及生态影响等。

依据生命周期评价的基本原理,计算全生命周期的碳足迹是评价温室气体排放的重要且有效的途径之一,目前碳足迹全生命周期评估的研究方法主要有两类:一是"自下而上"模型,以过程分析为基础;二是"自上而下"模型,以投入产出分析为基础。

1. 过程分析法

过程分析法的基本出发点为对排碳过程的分析,通过生命周期清单分析得到所研究对象的输入和输出数据清单,进而计算研究对象全生命周期的碳排放,即碳足迹。该方法以节碳基金(Carbon Trust)基于生命周期评价理论提出的产品碳足迹计算方法最有代表性。其计算过程为:

1) 建立产品的制造流程图

这一步骤的目的是尽可能地将产品在整个生命周期中所涉及的原料、活动和过程全部列出,为下面的计算制定范围。主要的流程图有两种:一种是"企业-消费者"流程图(原料-制造-分配-消费-处理/再循环);另一种是"企业-企业"流程图(原料-制造-分配),不涉及消费环节。

2) 确定系统边界

一旦建立了产品流程图,就必须严格界定产品碳足迹的计算边界。系统界定的关键原则是:要包括生产、使用及最终处理该产品过程中直接和间接产生的碳排放。以下情况可排除在边界之外:碳排放小于该产品总碳足迹1%的项目;人类活动所导致的碳排放;消费者购买产品所产生的交通碳排放;动物作为交通工具时所产生的碳排放(如发展中国家农业生产中使用的牲畜)。

3) 收集数据

以下两类数据是计算碳足迹必须包括的:一是产品生命周期过程中涵盖的所有物质和活动;二是碳排放因子,即单位物质或能量所排放的二氧化碳等价物。这两类数据的来源可以是原始数据或次级数据。一般情况下,应尽量使用原始数据,因其可提供更为精确的排放数据,使研究结果更为准确可信。

4) 计算碳足迹

通常,在计算碳足迹之前需要建立质量平衡方程,以确保物质的输入、累积和输出达到平衡。即:输入=累积+输出。然后根据质量平衡方程,计算产品生命周期各阶段的碳排放,基本公式为:

$$E = \sum_{i=1}^{n} Q_i \times C_i \qquad\qquad (7\text{-}1)$$

其中,E 为产品的碳足迹,Q_i 为 i 物质或活动的数量或强度数据(质量/体积/km/kW·h),C_i 为单位碳排因子(CO_{2eq}/单位),n 为不同物质式活动的种类数。

5)结果检验

这一步骤是用来检测碳足迹计算结果的准确性,并使不确定性降低到最小以提高碳足迹评价的可信度。提高结果准确度的途径有以下几种:用原始数据代替次级数据;使用更准确而合理的次级数据;计算过程更加符合现实并细致化;请专家参与审视和评价。

过程分析法适用于不同尺度的碳足迹核算,如产品/个人、家庭、组织机构、城市、区域乃至国家等,但存在以下三方面的不足之处:

(1)由于该方法允许在无法获知原始数据的情况下采用次级数据,因此可能会影响碳足迹分析结果的可信度;

(2)碳足迹分析没有对原材料生产以及产品供应链中的非重要环节进行更深入思考;

(3)因无法具体获悉产品在各自零售过程中的碳排放,所以零售阶段的碳排放结果只能取平均值。

2. 投入产出法

投入产出模型是研究一个经济系统各部门间的"投入"与"产出"关系的数学模型,该方法最早由美国著名的经济学家瓦.列昂捷夫(W. Leontief)提出,是目前比较成熟的经济分析方法。Matthews 等根据世界自然基金会(WRI)和世界可持续发展商会(WBCSD)对于碳足迹的定义,结合投入产出模型和生命周期评价方法建立了经济投入产出-生命周期评价模型(EIO-LCA),该方法可用于评估工业部门、企业、家庭、政府组织等的碳足迹。根据世界资源研究所(WRI)和世界可持续发展工商理事会(WBCSD)对碳足迹的定义,该方法将碳足迹的计算分为三个层面。以工业部门为例:第一层面是来自工业部门生产及运输过程中的直接碳排放;第二层面将第一层面的碳排放边界扩大到工业部门所消耗的能源如电力等,具体指各能源生产的全生命周期碳排放;第三层面涵盖了以上两个层面,是指所有涉及到工业部门生产链的直接和间接碳排放,也就是从开始到结束的整个过程。其计算过程如下。

1)根据投入产出分析,建立矩阵,计算总产出

$$x = (I + A + A \times A + A \times A \times A + \cdots) \times y = (I - A)^{-1} \times y \qquad (7\text{-}2)$$

其中,x 为总产出,I 为单位矩阵,A 为直接消耗矩阵,y 为最终需求,$A \times y$ 为部门的直接产出,$A \times A \times y$ 为部门的间接产出,以此类推。

2)根据研究需要,计算各层面碳足迹

第一层面: $$bi = Ri(I)y = Riy \qquad\qquad (7\text{-}3)$$

第二层面: $$bi = Ri(I + A')y \qquad\qquad (7\text{-}4)$$

第三层面: $$bi = Rix = Ri(I - A)^{-1}y \qquad\qquad (7\text{-}5)$$

其中,*bi* 为碳足迹,*Ri* 为二氧化碳排放矩阵,该矩阵的对角线值分别代表各子部门单位产值的二氧化碳排放量,它由该子部门的总二氧化碳排放量除以该子部门的生产总值得到。A' 为能源提供部门的直接消耗矩阵。

投入产出分析的一个突出的优点是它能利用投入产出表提供的信息,计算经济变化对环境产生的直接或间接影响,即用 Leontief 逆矩阵得到产品与其物质投入之间的物理转换关系。该方法的局限性在于:

(1) EIO-LCA 模型是依据货币价值和物质单元之间的联系而建立起来的,但相同价值量产品在生产过程中所隐含的碳排放可能差别很大,由此造成结果估算的偏差;

(2) 该方法是分部门来计算二氧化碳的排放量,而同一部门内部可能生产各种不同类型的产品,这些产品的二氧化碳排放可能千差万别,因此在计算时采用平均化方法进行处理很容易产生误差;

(3) 投入产出分析方法核算结果只能得到行业数据,无法获悉产品的情况,因此只能用于评价某个部门或产业的碳足迹,而不能计算单一产品的碳足迹。

7.2 地下工程全生命周期碳足迹测算指标

低碳经济时代,低碳的概念及碳交易市场促使了低碳建筑概念的形成,普遍以指标法和碳足迹法来评价。

地下建筑分为六大类,分别是地下交通设施、地下市政公用设施、地下公共服务设施、地下仓储设施、地下物流设施和地下防灾设施。指标法对不同地下设施建立不同的指标评价体系,对被检测与评价的地下建筑进行指标评价打分,根据所获得的分数进行低碳建筑评级。

碳足迹法则是按照建筑工程全生命周期来定量计算碳排放,这种评价方式能直观、详细显示该地下建筑全生命周期各环节碳排放,对指导低碳地下建筑从建造到运营全方位减碳具有重要作用。

建筑物碳排放阶段一般包括建造阶段、运营阶段和拆除阶段,因地下建筑工程不易拆除,故全生命周期碳排放阶段仅为建造阶段和运营阶段。建造阶段和运营阶段碳排放清单如图7-1所示。

本书主要采用过程分析法来量化分析不同建筑物在生命周期各阶段的碳足迹。建筑工程的全生命周期包括了材料生产、建造施工、使用期间、维护更新、拆除与重新利用等阶段。在每个阶段,都需要从建筑材料、能耗、用水、绿化交通等四个方面进行碳足迹的计算。因此,城市地下空间建筑总的碳排量可以通过上述中三个阶段、五个方面分别进行计算,其总和即是地下空间建筑的碳足迹。用计算公式可以概括为:

$$CFP = C_1 + C_2 + C_3 \tag{7-6}$$

其中,*CFP* 为碳足迹,C_1、C_2、C_3 分别代表建设、运营和拆除阶段的碳排量。

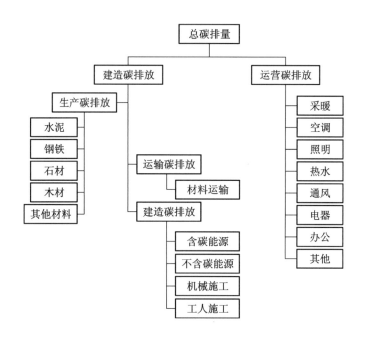

图 7-1　地下建筑碳排放清单

下面就三个阶段的碳排量计算分别进行说明。

1. 建设阶段

建设阶段的碳排量主要集中在建材使用 C_{11}、材料运输 C_{12}、施工耗能 C_{13}、施工耗水 C_{14} 等四个方面。

（1）建筑材料使用产生的碳排量 C_{11} 即是这些建材在生产过程中二氧化碳的排放量实际值，可以根据生产过程中能源消耗进行折算。需要注意的是，部分建筑材料具有可回收性，从全生命周期的角度考虑，回收建材可以减少建材一次使用计算的碳排放量，我们将这部分的计算放入建筑拆除回收阶段中。建筑常用的建筑拆料主要包括钢材、混凝土、水泥、实心黏土砖、空心黏土砖、石灰、石膏、水泥、实心灰砂砖、粉煤灰混凝土砌块、普通混凝土砌块、粉煤灰硅酸盐砌块、木材、玻璃、聚氯乙烯（PVC）、泡沫聚苯乙烯（墙体节能材料）（EPS）、其他建材（如铝、铜、建筑陶瓷、卫生陶瓷、油漆等）。具体单位耗材的碳排放量可见表 7-5。

（2）建筑材料运输过程中消耗的能量，这些能量在使用和生产过程中都会排出碳。而建筑施工中建材运输产生的碳排放量 C_{12}，可以根据运输距离和运输的工具进行计算。在运输工具方面，主要可分为铁路运输、公路运输、水路运输和航空运输几个方面。

（3）除去材料和运输产生的碳排放，碳排放还来自于建筑施工过程中的耗能 C_{13}，这部分碳排放的主要项目包括土方开挖、起重机搬运、水平运输、填土碾压平整、施工场地照明。人工因体力劳动造成的额外碳排放也可以进行考虑。

（4）水耗及相应的二氧化碳排放量 C_{14}。实测城市地下空间建筑建设施工阶段的水耗量，然后根据能值理论换算为碳排放量。根据能值理论,自来水能值为 3.6×10^6 sej/g,标准煤为 1.2×10^9 sej/g,则 1 kg 自来水折合为标煤为 3 g,折合为二氧化碳为 7.5 g。

通过上述四个方面碳排量的计算,城市地下空间建筑建设阶段碳足迹为:

$$C_1 = C_{11} + C_{12} + C_{13} + C_{14} \tag{7-7}$$

2. 建筑维护、运营阶段

建筑维护、运营阶段的碳排量主要集中建筑运营过程中消耗的能源和水 C_{21}、建筑维护过程中消耗掉的材料 C_{22}、以及建筑绿化吸收掉的碳排放 C_{23} 这四个方面。

(1) 建筑使用过程中的碳排放 C_{21}。建筑使用需要耗能用于制冷、采暖、照明以及其他设备等。主要表现为电能的消耗以及化石燃料的消耗,而电能和化石燃料的消耗都要排出碳。水资源的使用是建筑运行过程中的一大消耗,这里的水资源应该计算的是一次性使用的水资源,需要除去回收的水资源。

(2) 建筑维护过程中的碳排放 C_{22}。建筑维护会消耗一些建筑材料,主要包括建筑墙体、水管、电线、管道、装饰、涂料以及门窗等。

(3) 建筑绿化系统汇碳量 C_{23}。因为城市园林绿地管理适当,其净生产量和平均碳净固定量都是较高的。根据有关研究资料计算,其平均碳净固定量为 5.23 t/mh² · a,由平均碳净固定量乘上地下空间建筑的绿化面积以及建筑使用年限,即得到总的二氧化碳固定量。由于建筑绿化系统实际作用是减少了碳排放,因此计算碳足迹时,应除去这一部分的二氧化碳固定量。

通过上述三个方面碳排量的计算,城市地下空间建筑运营阶段碳足迹为:

$$C_2 = C_{21} + C_{22} - C_{23} \tag{7-8}$$

3. 建筑拆除阶段

建筑拆除阶段引起碳排放变化主要有两部分:拆除施工引起碳排放增加和材料回收利用引起的碳排放减少。其中,拆除施工中造成碳排放的工程主要包括填土碾压平整、破碎、构件拆除以及运输。而材料回收方面,可回收的材料主要包括型钢、钢筋、铝材、铜等(表 7-1)。

表 7-1　　　　　　　　　　　　建筑全生命周期碳足迹计算指标

阶段		项　　　目
施工阶段	建材生产	钢材、混凝土、水泥、实心黏土砖、空心黏土砖、石灰、石膏、水泥、实心灰砂砖、粉煤灰混凝土砌块、普通混凝土砌块、粉煤灰硅酸盐砌块、木材、玻璃、聚氯乙烯(PVC)、泡沫聚苯乙烯(墙体节能材料)(EPS)、其他建材
	建材运输	铁路运输、公路运输、航空运输、水路运输
	施工耗能	土方开挖、起重机搬运、水平运输、填土碾压平整、施工场地照明
	施工耗水	生活用水、清洗排污等
使用阶段	建筑能耗	电能和化石燃料
	建筑维护	建筑材料替换,如建筑墙体、水管、电线、管道、装饰、涂料以及门窗等
	绿化减排	由于建筑绿化系统实际作用是减少了碳排放,因此计算碳足迹时,应除去这一部分的二氧化碳固定量。

续 表

阶段	项　　目	
拆除阶段	拆除	填土碾压平整、破碎、构件拆除以及运输
	回收	型钢、钢筋、铝材、铜等

7.3　现场碳足迹检测方法

在确定了碳足迹技术的各项指标后,要现场对碳排放进行测算时,可以对现场运行的用电量、用水量、用燃料量、用材料进行测算。在对现场各种用能、材量等进行确定后,通过单位用能、用材的碳排放指标,便可以在现场对碳足迹进行确定。下面给出各用能、材的单位碳排放指标。

7.3.1　用电、能的碳排放指标

以《中国电力年鉴》的数据为参考,我国平均火力发电占全国总发电量的81%,水力发电占14%,核电发电占3%,风电和其他发电占2%。而火力发电的比例越高,单位电能的碳排放水平也就越高。而我国的单位电能碳排放与不同区域的发电网又有直接的联系,不同发电网覆盖的区域也是不同的,如表7-2和7-3所列。

表7-2　各区域电网覆盖的省市

电网名称	覆　盖　省　市
华北区域电网	北京市、天津市、山西省、内蒙古自治区、河北省、山东省
东北区域电网	吉林省、黑龙江省、辽宁省
西北区域电网	陕西省、青海省、甘肃省、宁夏回族自治区、新疆维吾尔自治区
华东区域电网	上海市、浙江省、福建省、安徽省、江苏省
华中区域电网	重庆市、河南省、湖南省、湖北省、四川省、江西省
南方区域电网	广东省、云南省、贵州省、广西壮族自治区
海南电网	海南省

注:根据《中国电力年鉴》整理绘制。

由中国发展改革气候司公布的《2010中国区域电网基准线排放因子》中,公布了各区域电网的排放因子,如表7-3所列。

表7-3　中国各区域电网的碳排放因子

电网名称	碳排放因子:$tCO_2/(kW \cdot h)$
华北区域电网	9.914
东北区域电网	11.109

续　表

电网名称	碳排放因子:tCO₂/(kW·h)
西北区域电网	8.592
华东区域电网	10.871
华中区域电网	9.947
南方区域电网	9.762
海南电网	7.972

注:根据《2010中国区域电网基准线排放因子》整理绘制。

其化石能耗以及用水带来的碳排放单位指标如表7-4所列。

表 7-4　　　　　　　　　　化石能耗及用水碳足迹

耗材	等效二氧化碳
汽油	3.67 t/t
柴油	3.63 t/t
燃料油	3.56 t/t
煤炭	1.78 t/t
人工煤气	13.53 t/万 m³
天然气	32.40 t/万 m³
液化天然气	4.21 t/万 m³
热能	0.085 t/百万 kJ
其他	—
水耗	0.007 5 t/t

注:1.等效二氧化碳指每消耗1个单位能源对应增加的二氧化碳排放量。汽油等效二氧化碳为3.67 t/t指每消耗1 t汽油则增加排放二氧化碳3.67 t。

2.汽油1 L=0.74 kg;0# 柴油1 L=0.86 kg;燃料油1 L=0.86 kg;热能1 t/h=4.186 8×10⁶ kJ。

3.根据《2010中国区域电网基准线排放因子》整理绘制。

7.3.2　建筑用材、设备的碳排放测算

1. 建筑用材的碳排放测算

建筑用材主要考虑材料在生产过程中消耗掉的各种能源而产生的碳排放量,建材生产过程中碳排放的计算为:

$$E_{cm} = \sum_n (1+u_{Mn})q_{Mn}(1-r_{Mn})e_{Mn} \tag{7-9}$$

式中　u_{Mn}——第 n 种建材的损耗系数;

　　　q_{Mn}——第 n 种建材的用量,kg;

r_{Mn}——第 n 种建材的回收系数；

e_{Mn}——第 n 中建材的二氧化碳排放系数，kg/kg 或 kg/m³。

具体统计数据如表 7-5 所列。

表 7-5 建筑材料碳足迹

建筑材料种类	等效二氧化碳/(t/t)
钢材	2.91
木材	11.52
铝材	33.2
塑料	0.79
玻璃	1.12
铜材	141.1
水泥	68.48
石材	0.72
其他	0.02

注：等效二氧化碳指每消耗 1 t 材料对应增加的二氧化碳排放量。例如，钢铁等效二氧化碳为 2.91 t/t 指每消耗 1 t 钢材则会增加二氧化碳 2.91 t。

混凝土根据标号不同，其碳排放水平也不同，详见表 7-6。

表 7-6 不同混凝土的碳排放数据

混凝土类型	水泥类型	排放系数/(kg/m³)
C25	PO. 42.5	221.21
C30	PO. 42.5	251.55
C35	PO. 42.5	285.69
C40	PO. 42.5	323.72
C45	PO. 42.5	364.68
C50	PO. 42.5	405.64
C55	P. II 52.5	426.21
C60	P. II 62.5	447.35
C50	P. II 52.5	384.95
C45	P. II 52.5	351.27
C40	P. II 52.5	323.48

2. 现场施工的碳排放测算

（1）机械施工

机械设备施工过程中碳排放计算为：

$$ECB = \sum iqB_i\left[\frac{\gamma B_i eB_i + \gamma BR_i eBR_i(1-rBR_i)}{tDB_i}\right]tB_i \qquad (7\text{-}10)$$

式中 qB_i——第 i 类施工设备的数量,台;

γB_i——第 i 类施工设备工作时的修正系数(工况、负荷等);

eB_i——第 i 类施工设备工作室的二氧化碳排放系数,kg/(台班·台);

γBR_i——第 i 类施工设备损耗系数;

eBR_i——第 i 类施工设备生产制作时的二氧化碳排放系数,kg/台;

rBR_i——第 i 类施工设备报废后的回收系数;

tDB_i——第 i 类施工设备的设计工作台班数,台班;

tB_i——第 i 类施工设备的工作台班数,台班。

表 7-7 盾构机械施工 CO_2 排放系数节选

施工工序	设备名称	单位台班每公里排放系数/kg	备注
盾构掘进	刀盘主驱动	18 077.800	现场调研、工程经验
	刀盘主驱动(空载)	3 476.500	现场调研、工程经验
	推进千斤顶	1 603.607	现场调研、工程经验
	推进千斤顶(空载)	308.386	现场调研、工程经验
	空压机	1 531.296	现场调研、工程经验
	空压机(空载)	294.480	现场调研、工程经验
	次级通风	255.216	现场调研、工程经验
	次级通风(空载)	49.080	现场调研、工程经验
管片拼装	管片拼装机	2 496.863	现场调研、工程经验
	管片空装机(空载)	480.166	现场调研、工程经验
	后配套设备	127.608	现场调研、工程经验
	后配套设备(空载)	24.540	现场调研、工程经验

注:本表引用同济大学研究报告。

(2)人工施工

工人施工过程中的碳排放涉及范围较广、不宜确定边界。用 BP 能源计算器依据相关条件参数后得到每个公寓的二氧化碳排放量为 2.8 t/年,进而可换算得到每个工人日常生活所消耗造成的二氧化碳排放量为 0.56 t/年,即 1.534 kg/d。

工人施工碳排放=工人数量×工人平均工作时间×二氧化碳排放系数。

7.3.3 建筑运营阶段的碳排放量测算

运营阶段的碳排放主要通过计算建筑物的建筑照明、采暖、空调、建筑电气使用能耗来核算,整个阶段碳排放主要以不含碳能源"电"为主。低碳地下工程运营阶段检测碳排放的关键在于检测可再生能源的利用量。

1. 地下空间采暖碳排放

我国北方建筑传统供暖形式,主要消耗煤。低碳地下空间集中供暖可利用可再生能源,其中较为成熟的技术为太阳能供暖系统。太阳能供暖系统相对于传统供暖系统,区别在于热源充分利用了太阳能,热水输配系统和末端设备耗能是一致的。检测思路是检测出太阳能替代的常规能源量,即可计算因为利用可再生能源而节约的常规能源碳排放。

（1）传统供暖系统耗能量

$$Q_c = \eta \times (d \times 24 \times q \times H)\lambda \tag{7-11}$$

式中 Q_c——传统供暖系统耗能经折算后对应的电量,kW·h;

η——传统供暖系统的平均负荷率;

d——传统供暖期采暖天数,d;

q——传统供暖系统所选锅炉每小时耗煤量,kg/h;

H——煤的热值,kJ/kg;

λ——传统供暖系统所耗的煤的能质系数。

（2）太阳能供暖系统耗能量

$$Q_t = Q_f + Q_x = \eta \times (d_1 \times 24 \times q_1) \times \lambda_1 + \eta_2 \times (d_2 \times 24 \times q_2) \tag{7-12}$$

式中 Q_t——太阳能供暖系统耗能经折算后对应的电量,kW·h;

Q_f——辅助系统耗能折算后对应的电量,kW·h;

Q_x——太阳能装置循环水泵消耗的电量,kW·h;

η——辅助系统的平均负荷率;

d_1——辅助系统运行天数,d;

q_1——辅助系统单位时间耗能量,kW;

λ_1——辅助系统耗能的能质系数;

η_2——太阳能装置的平均负荷率;

d_2——太阳能装置运行天数,d;

q_2——太阳能装置循环水泵功率,kW。

（3）太阳能供暖系统可再生能源利用量

$$Q = Q_c - Q_t \tag{7-13}$$

式中 Q——太阳能供暖系统可再生能源利用量,kW·h;

Q_c——传统供暖系统耗能折算后对应的电量,kW·h;

Q_t——太阳能供暖系统耗能折算后对应的电量,kW·h。

2. 低碳地下空间暖通空调碳排放

低碳地下空间暖通空调系统能耗的组成:暖通空调系统能耗＝冷热源系统能耗＋水系统耗电量＋空调末端设备耗电量。

低碳地下空间的暖通空调冷热源主要形式有：热泵系统（地源热泵和空气源热泵）、太阳能制冷系统、太阳能供暖系统。低碳地下空间与传统公共建筑空调系统的主要区别在于，低碳地下空间的冷热源系统大量运用了可再生能源。低碳地下空间可能根据实际情况，增加传统形式的辅助系统。

以热泵系统为例：

（1）冷水机组＋锅炉耗能量

$$Q_1 = Q_{n1} + Q_{r1} = \eta_1 \times (d_1 \times 24 \times q_1) + \eta_2 \times (d_2 \times 24 \times q_2 \times H) \times \lambda \qquad (7\text{-}14)$$

式中　Q_1——冷水机组＋锅炉耗能折算后对应的电量，$kW \cdot h$；

Q_{n1}——冷水机组与冷却水系统消耗的电量，$kW \cdot h$；

Q_{r1}——锅炉耗能折算后对应的电量，$kW \cdot h$；

η_1——冷水机组的平均负荷率；

d_1——冷水机组运行天数，d；

q_1——冷水机组与冷却水系统功率，kW；

η_2——锅炉的平均负荷率；

d_2——锅炉运行天数，d；

q_2——锅炉单位时间燃料消耗量，kg/h 或 m^3/h；

H——燃料的热值，kJ/kg 或 kJ/m^3；

λ——锅炉耗能的能质系数。

（2）热泵系统耗能量

$$Q_2 = Q_n + Q_r = \eta_1 \times (d_1 \times 24 \times q_1) + \eta_2 \times (d_2 \times 24 \times q_2) \qquad (7\text{-}15)$$

式中　Q_2——热泵系统耗能经折算后对应的电量，$kW \cdot h$；

Q_n——热泵系统制冷消耗的电量，$kW \cdot h$；

Q_r——热泵系统制热消耗的电量，$kW \cdot h$；

η_1——热泵系统制冷的平均负荷率；

d_1——热泵系统制冷的运行天数，d；

q_1——热泵机组制冷时单位时间耗能量，kW；

η_2——热泵系统制热的平均负荷率；

d_2——热泵系统制热运行天数，d；

q_2——热泵系统制热耗能量，kW。

（3）可再生能源利用量

将冷水机组＋锅炉耗能量 Q_1 减去热泵系统耗能量 Q_2 就得到热泵系统可再生能源利用量。

3. 低碳地下空间照明碳排放

地下空间照明分为两种类型：普通照明、应急照明。低碳地下空间根据照明场所的实际情况，在一部分区域采用可再生能源替代常规能源(电能)。低碳地下空间照明可再生能源利用技术目前主要有两种:太阳能光伏发电技术和自然采光利用技术,下面将分别介绍其可再生能源检测方法。

(1)太阳能光伏发电技术可再生能源检测

太阳能光伏发电系统输出功率为 50 Hz±0.2 Hz,电压为 220 V±10 V,可以与绿色建筑照明一体化。检测方法:在照明配电路上设置多功能电能表并与绿色建筑的 BAS 系统相连,即可检测出太阳能光伏发电系统产生的电量,将这些电量作为太阳能光伏发电系统可再生能源利用量。

(2)自然采光利用技术可再生能源检测

自然采光利用技术主要是对于地下室而言的,其利用太阳光为地下室提供采光,减少白天照明电耗。自然采光利用技术可再生能源检测可以通过下式进行计算得到。

$$Q = t \cdot q \tag{7-16}$$

式中　Q——自然采光利用技术可再生能源全年利用量,kW·h;

　　　t——灯具全年减少的开启时间,h;

　　　q——灯具功率,kW。

4. 低碳地下空间热水碳排放

热水耗能包括热源耗能和热水泵耗能,低碳地下空间热水耗能与传统地下建筑的主要区别在于热源耗能。传统建筑热水系统热源方式有:电热锅炉、燃气锅炉、燃煤锅炉和城市热力网。低碳空间热水热源包括太阳能热水系统、热泵系统以及相应的常规能源辅助系统,常规能源辅助系统主要为电热锅炉和燃气锅炉。

(1)低碳地下空间热水可再生能源耗能检测

将计算出的可再生能源替代的常规能源量,作为可再生能源在建筑中的利用量。传统建筑热水系统热源耗能量可以采用与前面传统供暖系统耗能量一样的方法,得到其耗能量记为 Q_c。下面主要介绍热泵系统可再生能源检测:

$$Q_t = Q_f + Q_x = \eta_1 \times (d_1 \times 24 \times q_1) \times \lambda_1 + \eta_2 \times (d_2 \times 24 \times q_2) \times \lambda_2 \tag{7-17}$$

式中　Q_t——热泵系统消耗的电量,kW·h;

　　　Q_f——循环水泵消耗的电量,kW·h;

　　　Q_x——热泵辅助系统耗能折算后对应的电量,kW·h;

　　　q_1——热泵辅助系统消耗的电量,kW·h;

　　　η_1——辅助系统的平均负荷率;

　　　d_1——热泵系统辅助系统运行天数,d;

　　　q_2——辅助系统单位时间耗能量,kW;

　　　λ_1——辅助系统耗能的能质系数;

　　　η_2——热泵机组的平均负荷率;

　　　d_2——热泵机组运行天数,d;

λ₂——热泵系统耗能的能质系数。

（2）热泵系统可再生资源利用量

$$Q = Q_c - Q_t \tag{7-18}$$

式中　Q——太阳能供暖系统可再生能源利用量，kW·h；

　　　Q_c——传统供暖系统耗能折算后对应的电量，kW·h；

　　　Q_t——太阳能供暖系统耗能折算后对应的电量，kW·h。

5. 低碳地下空间用电设备碳排放

此处的用电设备能耗是指除暖通空调和照明之外的用电设备能耗，包括动力用电和特殊用电。动力用电是集中提供各种动力服务（包括电梯、非空调区域通风、自来水加压、排污等）的设备用电的统称。动力用电包括电梯用电、生活水泵用电和通风机用电，共3个子项。特殊用电是指不属于建筑物常规功能的用电设备的耗电量。特殊用电包括办公设备、信息中心、洗衣房、厨房、餐厅、游泳池、健身房和其他特殊用电。

检测其可再生资源利用量，要分别测出动力用电3个子项的能耗和特殊用电的能耗，在配电设计时，把动力用电3个子项和特殊用电设置在不同的回路上，不与其他用电共同用回路，在各个回路上安装电能表。和采暖空调、照明用电检测类似，用电设备用电量的检测通过自动采集系统来实现。如果这些电是采用水能、风能、太阳能等可再生能源发电而成的，则电量就是绿色建筑可再生能源利用量。

7.3.4　建筑绿化减少的碳排放量测算

由于绿化的碳汇能力而减少的碳排放量，也必须得到相应的考虑。各种主要的绿化植被所具备的碳汇能力可见表7-8。

表7-8　　　　　　　　　　　　　绿化植被的碳汇能力

绿地种类	碳汇能力/[t/(hm²·年)]
针叶林	7.02
常绿阔叶林	7.754
落叶阔叶林	4.8
灌木群落	1.85
芒箕群落	2.46
草坪	0.87
竹子	5.09

注：① 碳汇能力单位为t/(hm²·年)，指每公顷(hm²，即10 000 m²)对应绿地每年固定二氧化碳量。如针叶林碳汇能力为7.02 t/(hm²·年)，指每公顷针叶林每年固定7.02 t的二氧化碳；

　　② 对于绿化碳汇，如果建设项目破坏绿地面积，则导致碳排放增加，应在碳计算器中加上相应部分。绿化碳汇绿地面积＝因建设项目增加的绿地面积－因建设项目减少的绿地面积。

在以上各单位碳排放量指标的基础上,现场通过测定各种用能、材和植被的量,便可以测算出项目的整体碳排放总量。

7.4 建筑工程碳足迹计算软件系统

根据上述碳足迹计算方法,上海市政工程设计研究总院(集团)有限公司与上海交通大学工程管理研究所联合开发了一个建筑工程全生命周期碳足迹计算软件系统。

通过将采集的建筑工程各个阶段的材料消耗量、能耗量、用水量,以及建筑工程全生命周期中绿化面积的增减量等数据,输入到本系统中,就可以计算出相应的建筑工程全生命周期碳足迹。软件系统操作流程如下所述。

(1)首先进入软件系统主界面,选择"碳计算器"页面,如图7-2所示。

(2)统计计算建筑工程全生命周期各个阶段的建筑材料消耗量和回收再利用量,逐项输入到图7-3所示的界面中,系统自动计算出相应的建筑材料碳足迹。

(3)统计计算建筑工程全生命周期各个阶段的能耗量和用水量,逐项输入到图7-4所示的界面中,系统自动计算出相应的能耗与用水碳足迹。

(4)统计计算建筑工程全生命周期各个阶段中增加和减少的绿地面积,逐项输入到图7-6所示的界面中,系统自动计算出相应的绿化碳汇如图7-5所示。

图7-2 建筑工程全生命周期碳足迹计算软件系统主界面

图 7-3　建筑材料碳足迹计算界面

图 7-4　能耗和用水碳足迹计算界面

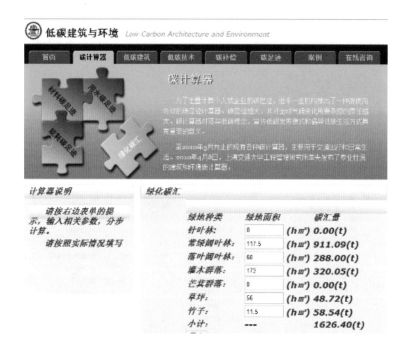

图 7-5 绿化碳汇计算界面

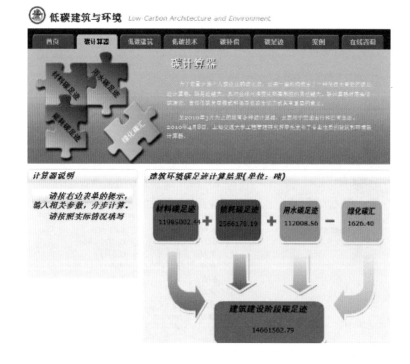

图 7-6 建筑工程全生命周期总碳足迹计算界面

8 地下空间低碳技术工程应用与评估研究

尽管低碳的地下建筑有完备的技术体系,但在实施中也不能生搬硬套,而要根据当地的资源条件和业主要求,选择相适应的技术。本章主要介绍温州"绿轴"和"3号街心公园"工程中所采用的一些低碳技术,并针对它们的地下空间碳排放进行了评估。

8.1 主要低碳技术

低碳地下空间技术的应用包括建筑功能布局及结构体系优化、智能围护结构设计、室内环境控制、能源设备改进、可再生能源利用、生态系统设计、智能控制等多个方面,每个方面又有着若干不同技术,这些技术又随着时间不断更新进步。在充分调查工程当地可持续发展资源基础上,采用了如表8-1的一些低碳地下空间技术。

表 8-1 本工程所采用的一些低碳地下建筑技术

序号	技术项目	技术说明	作用
01	地下空间局部开敞设计	在可能的条件下,采用了地下空间局部开敞设计,包括地下建筑天窗、下沉式广场、下沉式天井、地下中庭等多种形式。地下空间局部开敞设计,结合阳光伞的采用,实现自然采光和自然通风,并将雨水收集至地下雨水渠中,实现对雨水的回收利用,从而达到节能降耗目的	提供自然采光和自然通风
02	夹心墙	在表层类似石膏板的面板和砼墙体之间,设置10 cm厚蜂窝状纸板的"夹心层"。这种墙体材料阻燃防潮,施工简单,强度与普通砖墙相当,在使用过程中因保温性能好而节能减排	减少地下空间热量损失,降低能耗
03	种植式屋面	种植式屋面较常规屋面而言,其热工保温性能有显著提高	
04	生态绿地	根据生态学的原则,在有限的土地上,合理配置绿地中的乔灌草,使各植物种群间相互协调;充分利用光、空气、养分、水分等自然资源,降水、灌溉水统一调配,构成一个有序、高效、稳定的群落,发挥其最大的生态效益	进行碳中和
05	被动风帽热回收通风	利用瓯江水面空气温度通常低于陆地温度,在地下建筑上采用捕风帽＋太阳能除湿＋风扇系统,实现自然通风换气的同时,降低地下空间能耗	提供被动式风助力通风和热回收
06	水源热泵和地源热泵组合系统	根据对水源热泵和地源热泵系统的分析,冬季江水温度在6~8℃,水源热泵需控制水温差3℃左右,供热受限制;而土壤温度全年波动较小且数值相对稳定,温州地区冬季空调负荷小于夏季空调负荷,地源热泵存在着冬夏季热平衡的问题。故冷热源系统采用水源热泵系统和地源热泵系统相结合的方式,夏季多用水源,冬季多用地源,形成优势互补,不仅解决了地埋管在南方地区可能发生的土壤热积聚,又提高了冬季供暖效率,从而更好地确保系统安全、稳定运行	提供地热资源

续　表

序号	技术项目	技术说明	作用
07	光导照明	光导照明采用导光管将室外的自然光线通过采光罩进入经特殊制作的光导管道,通过其传输和强化后,由系统底部的漫射装置把自然光均匀漫射到室内每一个角落。它较少衰减自然光线,可以充分利用光能	提供自然采光
08	节水技术	本工程将清洗消防水池之前的水排至景观水池或灌溉绿化,每年可节约上万吨水。此外,本工程采用节水型器具	节水
09	可持续能源	太阳能、风能、潮汐能、固废处理等	提供空调、通风、水泵等动力

8.2　低碳技术评估

在如何计算建筑物的碳排放量的问题上,以德国DGNB为代表的世界上第二代可持续建筑评估技术体系,对建筑的碳排放量提出了完整明确的计算方法。而在此基础之上提出的碳排放度量指标计算方法已得到包括联合国环境规划署(UNEP)机构在内等多方国际机构的认可。

按照DGNB可持续建筑评估技术体系对于建筑碳排放量的计算原则,分别计算建筑在建设、运营和拆除三个阶段的碳排放量并相加,形成建筑全生命周期的碳排放总量。在每个阶段,可以从建材、能耗、水耗、绿化、交通这5个方面分别计算碳排量。

据此,上海市政工程设计研究总院(集团)有限公司与上海交通大学工程管理研究所联合开发了可持续建筑碳计算器,并采用该碳计算器对这两个项目的全生命过程进行了碳排放量的评估。

8.3　案例一:"绿轴"地下空间全生命周期碳足迹评估

8.3.1　"绿轴"项目简介

滨江商务区 CBD 绿轴项目位于浙江省温州市,是依据上位规划所确定的城市轴线,处于商务三路与商务四路之间,穿越整个商务区,西接杨府山公园,东至瓯江。滨江商务区 CBD 绿轴总长度约为1 500 m,平均宽度120 m 左右。占地面积约 129 780 m²(194.69 亩),由 15 个分地块组成(图 8-1 和图 8-2)。CBD 绿轴两侧在未来将建成金融集聚区,依据规划,并会在其中设置轨道交通站点。

图 8-1　滨江商务区总体布置图

资料来源:上海市政工程设计研究总院

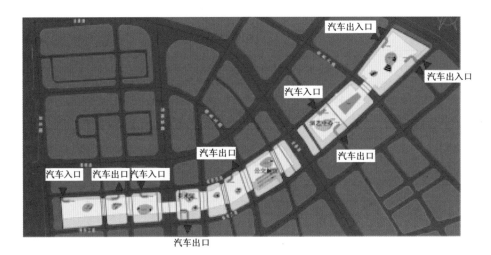

图 8-2 中央绿轴功能结构
资料来源:上海市政工程设计研究总院

由于本案地下空间位于规划绿轴下方,地下空间的建设可能会对地面绿化景观的种植产生一定影响,因此考虑地下开发建设时适度留空,保证地面绿化的种植与生长。因此,中央绿轴的地下空间开发占地确定为 129 780 m²。地下空间开发两层,地下一层为商业空间,总建筑面积为 80 000 m²,地下二层为停车空间,总建筑面积为 70 500 m²(图 8-3)。

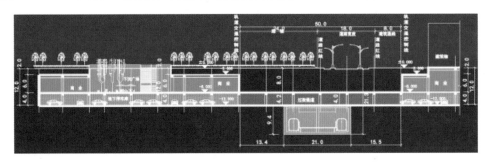

图 8-3 中央绿轴典型剖面图
资料来源:上海市政工程设计研究总院

8.3.2 "绿轴"地下空间全生命周期碳足迹计算

应用上海市政工程设计研究院(集团)有限公司与上海交通大学工程管理研究所联合开发的碳计算器,对"绿轴"地下空间全生命周期碳足迹进行计算。为方便计算,这里将本书第 7 章所述运营阶段分为使用与维护两个过程进行计算。

1. 材料生产与建造 C1

1)建筑材料碳足迹 C11

(1)主体结构。

主体结构建筑材料用量见表 8-2。

表 8-2 主体结构建筑材料统计计算表

	主体内部结构项目	混凝土体积/m³	钢材重量/t
1	土方开挖		
2	填方(土)		
3	混凝土垫层	10 357	
4	顶板	15 535.5	2 174.97
5	中层板	23 427	3 279.78
6	底板	77 677.5	10 874.85
7	内衬墙	2 941	411.74
8	梁	56 243.2	14 060.8
9	柱	17 013.6	4 253.4
10	桩基	112 937.5	17 618.25
11	其他		
	总计	316 132.3	52 673.79
	总重量	632 264.6 t	52 673.79 t
	碳足迹	9 483 969 t	153 280.73 t

注:表格空白栏目表示该工程项目未用到这种建筑材料,计为 0,下同。

素混凝土的密度取 2 t/m³,则混凝土地总重量为 632 264.6 t,代入碳足迹计算器进行计算,得到主体结构建筑材料的碳足迹为:9 483 969+153 280.73=9 637 249.73 t。

(2)围护结构(环撑方案)。

围护结构建筑材料用量见表 8-3。

表 8-3 环撑方案建筑材料统计计算表

工程项目	环撑A区	混凝土/m³	水泥/m³	钢材/t	环撑B区	混凝土/m³	水泥/m³	钢材/t
地下连续墙	1	27 030		5 406	10	46 920		9 384
混凝土支撑	2				11			
混凝土圈梁	3	742		118.7	12	1 288		206.1
环梁	4	1 520		243.2	13	3 012		481.9
格构柱	5			576	14			1 368
止水帷幕(旋喷)	6		2 450		15		4 450	
地基加固	7		7 423.2		16		4 197.6	
挖土	8				17			
填土	9				18			
	A区	29 292	9 873.2	6 343.9	B区	51 220	8 647.6	11 440
总计	混凝土:161 024 t		水泥:57 445.48 t			钢材:17 783.92 t		
碳足迹	2 415 360 t		3 933 866.47 t			51 751.21 t		

注:表中灰色部分表示,环板方案中设计的混凝土支撑部分即使用主体内部结构的顶板、中层板和底板,没有其他附加结构,因此其使用的混凝土和钢材材料不重复计算。

常用水泥的密度取 $3.1\ \mathrm{t/m^3}$，所用水泥重量为 57 445.48 t。环撑方案案建筑材料的碳足迹为：2 415 360＋3 933 866.47＋51 751.21＝6 400 977.68 t；总的建筑材料碳足迹为：C11＝9 637 249.73＋6 400 977.68＝16 038 227.41 t。

2）施工能耗及用水碳足迹 C12

根据《关于进一步深化建设工程节约型工地创建工作的通知》、《关于开展上海市建设工程创建节约型工地样板工程评选的通知》等相关的文件，按照节约型工地的创建标准，施工用电指标为 70 度/万元产值，用油指标为 7.5 L/万元产值，用水指标为 10.65 t/万元产值。

根据设计规划，该工程的预算估计为 10 亿元，则依照节约型工地标准，施工用电为7 000 000度（700 万 kW·h），用油 750 000 L（折合 654 t 燃料油），用水 1 065 000 t，带入碳足迹计算器，能耗的碳足迹为：9 449.18 t，用水的碳足迹为：7987.5 t，得到总的能耗及用水碳足迹为：C12＝17 436.68 t。

3）材料生产和建造过程中总的碳足迹

本项目材料生产和建造过程中总的碳足迹为：C1＝C11＋C12＝16 038 227.41＋17 436.68＝16 055 664.09 t。

2. 使用期间 C2

1）电能消耗 C21

表 8-4　　　　　　　　　　使用期间电能消耗估计计算表

地块编号	总用电量/kW	商业面积环控/kW	照明用电/kW	实际耗电量/kW
02—05	1 280	266	155.4	1 200.9
02—02	1 673	364	200	1 566.9
06—07	1 412	308	169.1	1 322.2
06—04	1 431	315	170.5	1 339.6
06—02	1 718	371	206.5	1 609.4
10—05	3 494	959	374.8	3 239.7
10—02	1 015	287	106.7	939.8
14—05	2 915	945	282.6	2 678.9
总计	2 115 107 475(kW·h)			

该工程使用过程中主要消耗的是电能，其中商业面积用能（表 8-4 中第 3 列）中一半的10％制冷和30％制热可由热源泵提供，一半面积的33％的照明用能（表 8-4 中第 4 列）可由光导照明提供，这两个部分属于可再生能源的使用，须从总用电量中扣除，得到实际用电量（一次性能源消耗量）。

建筑使用年限为 50 年，每天正常使用时间是 10 个小时，这样得到整个使用期间用电消耗是 2 115 107 475 kW·h，代入碳计算器，折算成碳足迹 C21＝2 129 913.23 t。

2）用水消耗 C22

该建筑使用期间主要耗水部门是商场和停车库，日均耗水量分别为 8 $\mathrm{L/m^2}$ 和 3 $\mathrm{L/m^2}$，商场和停车库的面积分别为：42 780 $\mathrm{m^2}$ 和 106 350 $\mathrm{m^2}$，则商场和停车库在使用年限内总的耗水量为:8×42 780×365×50＝6 245 880 000 L和3×106 350×365×50＝5 822 662 500 L。代入碳计算器,折算成碳足迹:C22＝90 514.07 t。

3）绿化碳汇C23

表 8-5　　　　　　　　　　　　　工程绿化情况统计表

	绿地种类	绿地面积/m²
1	针叶林	0
2	常绿阔叶林	23 500
3	落叶阔叶林	12 000
4	灌木群落	34 600
5	芒萁群落	0
6	草坪	11 200
7	竹子	2 300
8	其他	0

将表(8-5)中的数据带入碳足迹计算器中,得到绿化碳汇为:C3＝1 626.4 t。

4）使用期间产生的总的碳足迹

该建筑使用期间产生的总的碳足迹为:C2＝C21＋C22－C23＝2 129 913.23 t＋90 514.07 t－1 626.4 t＝2 218 800.9 t。

3. 维护与更新C3

根据以往经验,该建筑在50年的使用周期内的维护和更新过程中需要更换5%的建筑材料,根据C1部分的计算,在维护与更新过程中产生的碳足迹为:C3＝16 038 227.41×5%＝801 911.4 t。

4. 拆除与重新利用C4

1）建筑材料的回收

根据以往地下建筑拆除和重新利用经验,并结合本工程的具体评估,该建筑在拆除后,将有60%的混凝土和水泥材料将被回收,另外,60%的钢材也可以得到回收利用。根据C1部分的计算,代入碳计算器,得到减少的碳足迹为:C41＝9 622 936.4 t。

2）能耗与水耗

拆除工程中的能耗和水耗与建筑的规模大小密切相关,根据以往经验,该能耗和水耗是分别是建造过程中的30%和20%,由此,拆除过程中的能耗和水耗的碳足迹为C42＝7 066.22×30%＋7 987.5×20%＝3 717.37 t。

3）拆除与重新利用过程产生的总的碳足迹

拆除与重新利用过程产生的总的碳足迹为:C4＝－C41＋C42＝－9 622 936.4＋3 717.37＝－9 619 219.08 t。

8.3.3　结果与讨论

综合材料生产与建造、使用运营、更新与维护和撤除与重新利用四个阶段,整个"绿轴"工程建筑生命周期内总的碳足迹为：

$$C_{绿轴} = C1 + C2 + C3 + C4$$
$$= 16\,055\,664.09 + 2\,218\,800.9. + 801\,911.4 - 9\,619\,219.08$$
$$= 9\,457\,157.31\ t$$

根据计算结果我们可以得出，建筑材料的生产是整个建筑碳排放中最大的碳源。因此，减少建筑碳排放，特别是减少像地下空间这样的大型市政建筑的碳排放，关键还是在于节省建筑材料，这就要求规划设计在满足结构安全和功能要求的同时进行合理优化，尽可能减少建筑材料的使用。同时，新型的低碳建筑材料的开发利用以代替混凝土和水泥等高碳排放建材，也是缩小建筑碳足迹的有效途径。目前，国内外在"零能耗建筑"、"低碳建筑"中，一般对建筑材料的含碳量未予考虑。而本项目进行了全生命周期的碳排放评估，主要体现在以下几个方面。

（1）在建筑拆除和重新利用阶段，建材的回收利用能够大大地减少整个建筑生命周期的碳排放，因此，研究合理高效的建材回收技术是减少建筑总的碳足迹的行之有效的方法。目前，我国建筑材料的回收利用率偏低，而且回收的建材往往用作废渣填埋路基和地基等，重复利用的价值不大，因而在我国推行高效的建材回收技术具有广阔的减碳潜力。

（2）根据 2007 年 12 月联合国开发署发布的公告，中国的人均碳排放量为 3.8 t/年，对城市而言，人均碳排放量比农村要大得多，并考虑 GDP 增长的因素，2010 年温州市区人均碳排放量应不低于 5.0 t/年。按照目前常见小户型住宅 80 m² 4 口人的情况，则该项目 198 600 m² 的总建筑面积，50 年使用寿命的总的碳足迹应不低于：198 600/80×4×5.0×50＝2 482 500 t。"绿轴"地下空间的碳足迹与此相当，这在一定程度上验证了我们对使用期间计算结果的正确性。

8.3.4 几个低碳技术方案的减排效果分析

本项目主要应用了五项低碳技术，包括空气热回收技术、热源泵技术、光导照明技术、建筑综合技术和节水技术。以下对这五项技术的使用情况和效果进行介绍。

（1）被动风帽热回收通风系统使用。在"绿轴"部分区域可采用自然捕风通风装置实现部分排风经与新风进行无动力全热交换后排放，达到回收能量的目的。经计算大约可提供 100 000 m³/h的新风量，节省 420 kW 的冷量，节省耗电量约 150 kW。按照每天正常工作 10 h，建筑使用寿命为 50 年，则总的碳减排为：60 480 575 kW·h，代入碳计算器，得到碳足迹为 60 903.9 t。则碳减排量为整个使用期间总碳排放量的 2.8%。

（2）热源泵的使用。在建筑运营过程中使用了热源泵作为商业区部分空调的供电来源，其用能中 10% 的制冷和 30% 的制热可由热源泵提供，由此减少了一部分碳排放。由表 8-4，使用热源泵每小时可以节约用电 763 度，按照每天正常工作 10 小时，建筑使用寿命为 50 年，则总的节电量为：139 247 500 kW·h，代入碳计算器，得到减排量为 140 222.23 t。则碳减排量为整个使用期间总碳排放量的 6.3%。

（3）光导照明的使用。该工程约一半面积的 33% 的照明用能来源于光导技术，由表 8-4，使用光导照明每小时可以节约用电 277.6 度,同上,得到的总的碳减排为:50 662 000 kW·h。代入碳计算器,得到减排量为 51 016.63 t。则碳减排量为整个使用期间总碳排放量的 2.3%。

(4) 建筑综合技术使用。采用局部开敞透光设计、夹心墙围护、屋顶种植,地面一层、夹层、地下一层照明用、空调电量为原有传统建筑形式的 11/15(白天按 8 h 计算)。按照表(8-4)的用电数据进行计算,平均每小时节约的电量约为 605.67 kW。这样在整个建筑使用年限 50 年内节约的电量为:605.67×8×365×50=88 428 218 kW·h,代入碳计算器,减少的碳排放为 89 047 t,占整个运营阶段碳排放的 4% 左右,减碳效果明显。

(5) 节水技术使用。由于节水技术,商场和停车库日均耗水量分别节水 2 L/m² 和 1 L/m²,则商场和停车库在使用年限内总的耗水量为:2×42 780×365×50=1 561 470 000 L 和 1×106 350×365×50=1 940 887 500 L,减少的碳排放为 26 268 t,占整个运营阶段碳排放的 1.2% 左右,减碳效果明显。

所有节碳技术的综合使用。通过上述(1)—(5)中多种综合技术的应用,总的碳减排达到了 367 457.76 t,约占整个建筑物使用期间总碳排量的 16.6%。这相当于 1 239 hm² 的针叶林 50 年的碳汇效果,由此可见,充分开发利用可再生能源具有显著的低碳效益。

8.4 案例二:"3 号街心公园"工程全生命周期碳足迹评估

8.4.1 "3 号街心公园"项目简介

在上一项目中央绿轴的两侧有 4 个街心公园,均包含两层地下空间,其中地下二层为机动车停车,地下一层为各个功能空间,地面为绿化空间(图 8-4)。

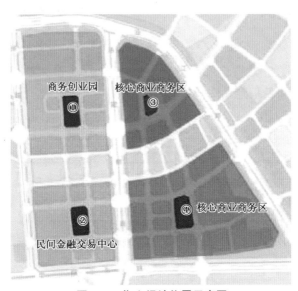

图 8-4 街心绿地位置示意图

资料来源:上海市政工程设计研究总院

3号街心公园地面以景观绿化为主,地下一层展示功能和室外交通,地下二层布置机动车停车库,服务于附近地块。建筑核心布置以伞状玻璃为内核的树状结构,除视觉聚焦外兼有雨水处理功能,如图8-5和图8-6所示。

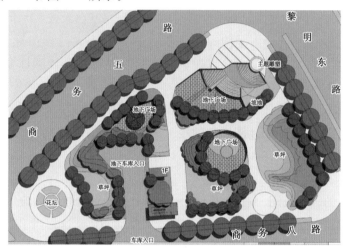

图8-5 3号街心公园平面图
资料来源:上海市政工程设计研究总院

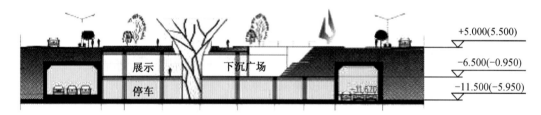

图8-6 3号街心公园剖面图
资料来源:上海市政工程设计研究总院

8.4.2 "3号街心公园"工程全生命周期碳足迹计算

1. 材料生产与建造C1

1)建筑材料碳足迹C11

(1)主体结构。

主体结构建筑材料用量见表8-6。

表8-6　　　　　　　　　　　主体结构建筑材料统计计算表

	主体内部结构项目	混凝土体积/m³	钢材重量/t
1	土方开挖		
2	填方(土)		
3	混凝土垫层	1 400	
4	顶板	2 100	294

续 表

	主体内部结构项目	混凝土体积/m³	钢材重量/t
5	中层板	1 400	196
6	底板	5 600	784
7	砼内部墙(汽车坡道)		
8	环路侧墙	1 680	235.2
9	梁	3 055	763.75
10	柱	492.8	123.2
11	桩基	8 340.4	1 301.1
12	其他		
	总计	24 068.23	3 697.26
	总重量	48 136.45 t	3 697.26 t
	碳足迹	722 046.75 t	10 759.02 t

注:表格空白栏目表示该工程项目未用到这种建筑材料,计为0,下同。

素混凝土的密度取 2 t/m³,则混凝土地总重量为 48 136.45 t,代入碳足迹计算器进行计算,得到主体结构建筑材料的碳足迹为:722 046.75+10 759.02=732 805.77 t。

（2）围护结构。

围护结构建筑材料用量见表 8-7。

表 8-7　　　　　　　　围护结构建筑材料统计计算表

	围护结构	混凝土/m³	水泥/m³	钢材/t
1	双轴搅拌地基加固			
2	围护钻孔桩	2 596.40		467.35
3	挖土			
4	第一道混凝土支撑	435.84		78.45
5	第一道支撑系杆	261		41.76
6	顶圈梁	340		61.20
7	第二道混凝土支撑	681		122.58
8	第二道系杆	464		83.52
9	混凝土围檩	408		73.44
10	格构柱			71.50
11	格构柱下钻孔桩			
12	止水帷幕		550	
	总计	4 768.24	550	999.80
	总重量	9 536.48 t	1 705	999.80 t
	碳足迹	143 047.2 t	116 758.4 t	2 909.4 t

按表 8-7,可计算得到,围护结构建筑材料的碳足迹为:143 047.2 t+116 758.4 t+2 909.43 t=262 715.03 t。

对于整个 3 号街心公园工程,总的建筑材料碳足迹为 C11=732 805.77 t+262 715.03 t=995 520.8 t。

2) 施工能耗及用水碳足迹 C12

根据《关于进一步深化建设工程节约型工地创建工作的通知》《关于开展上海市建设工程创建节约型工地样板工程评选的通知》等相关的文件,按照节约型工地的创建标准,施工用电指标为 70 度/万元产值,用油指标为 7.5 L/万元产值,用水指标为 10.65 t/万元产值。

根据设计规划,整个工程总的预算估计为 6 000 万元,则依照节约型工地标准,施工用电为 420 000 度(42 万 kW·h),用油 45 000 L(折合 38.7 t 燃料油),用水 63 900 t,代入碳足迹计算器,能耗的碳足迹为:564.97 t,用水的碳足迹为:486.75 t,得到总的能耗及用水碳足迹为:C12=1 051.72 t。

3) 材料生产和建造过程中总的碳足迹

本项目材料生产和建造过程中总的碳足迹为:C1=C11+C12=995 520.8+1 051.72=996 572.52 t。

2. 使用期间 C2

1) 电能消耗 C21

采用功率密度法计算功率负荷,功率密度指标见表 8-8。

表 8-8　　　　　　　　　　　　功率密度指标

用途	功率密度/W/m²	备注
商业	120	照明为 15 W/m²
辅助用房	80	照明为 11 W/m²
走道、车库坡道、车库	15	照明为 5 W/m²

"3 号街心花园"工程的商业面积为 1 560 m²,辅助用房面积为 340 m²,走道、车库坡道、车库面积为 4 380 m²,根据功率密度法,得到总负荷为 280 kW。

由于一半地方的 1/3 的照明用能可由光导照明提供,这部分属于可再生能源的使用,须从总用电量中扣除。总的扣除的照明用电是 0.459 kW,得到实际用电量(一次性能源消耗量)为 279.54 kW。

建筑使用年限为 50 年,每天正常使用时间是 10 h,这样得到整个使用期间用电消耗是 51 016 202.08 kW·h,代入碳计算器,折算成碳足迹 C21=51 373.32 t。

2) 用水消耗 C22

该建筑使用期间主要耗水部门是商场和停车库,日均耗水量分别为 8 L/m² 和 3 L/m²,商场和停车库的面积分别为 1 560 m² 和 3 350 m²,则商场和停车库在使用年限内总的耗水量为:

$8×1\,560×365×50＝227\,760\,000\,L$ 和 $3×3\,350×365×50＝183\,412\,500\,L$，代入碳计算器，折算成碳足迹 C22＝3 083.79 t。

3）绿化碳汇 C23

"3 号街心公园"主要是草坪绿化，总面积为 3 200 m²，代入碳计算器，其碳汇为 13.92 t。

4）使用期间产生的总的碳足迹

该建筑使用期间产生的总的碳足迹为：C2＝C21＋C22－C23＝51 373.32 t＋3 083.79 t－13.92 t＝54 457.11 t。

3. 维护与更新 C3

根据以往经验，该建筑在 50 年的使用周期内的维护和更新过程中需要更换 5％的建筑材料，根据 C1 部分的计算，在维护与更新过程中产生的碳足迹为：C3＝995 520.8×5％＝49 776.04 t。

4. 拆除与重新利用 C4

1）建筑材料的回收

根据对本具体工程的评估，并考虑以往地下建筑拆除和重新利用经验，该建筑在拆除后，将有 60％的混凝土、水泥和钢材可以得到回收利用。根据 C1 部分的计算，代入碳计算器，得到减少的碳足迹为 C41＝597 312.48 t。

2）能耗与水耗

拆除工程中的能耗和水耗与建筑的规模大小密切相关，根据以往经验，该能耗和水耗是分别是建造过程中的 30％和 20％，由此，拆除过程中的能耗和水耗的碳足迹为 C42＝564.97×30％＋486.75×20％＝266.76 t。

3）拆除与重新利用过程产生的总的碳足迹

拆除与重新利用过程产生的总的碳足迹为：C4＝－C41＋C42＝－597 312.48 t＋266.76 t＝－597 045.72 t。

8.4.3 结果与讨论

综合材料生产与建造、使用运营、更新与维护和撤除与重新利用 4 个阶段，整个"3 号街心公园"工程建筑生命周期内的总的碳足迹为：

$$C_{绿轴}＝C1＋C2＋C3＋C4$$
$$＝996\,572.52＋51\,373.32＋49\,776.04－597\,045.72$$
$$＝500\,676.16\ t$$

根据计算结果，当所有节碳技术的综合使用后，总的碳减排量约占整个建筑物使用期间总碳排量的 20.0％。

如进一步在"3 号街心公园"零碳馆内推进人员的低碳工作模式，包括：①照明采用红外感应等照明控制方式，即人在房间内，通过红外感应开启照明灯具，人离开后，延时关闭照明灯具，减少不必要的照明用电量；②插座等采用可调整开闭状态的智能插座，减少不必要的待机损耗。预计经过以上调整方式后，可减少电能约 15％。经过粗略的分析，"3 号街心公园"零碳馆综合采用节碳技术后所减少的碳排放量占到整个建筑物使用期间总碳排量的 30.0%。

8.5 当地可持续能源的利用

从低碳技术评估分析可知,"绿轴"在使用期间产生的总的碳足迹为 2 654 826.59 t,而"3号街心公园"在使用期间产生的总的碳足迹为 54 457.11 t。为了在使用期间实现零能耗地下空间目标,则需采用新能源、新工艺减少碳排放,商务区内可利用的新能源主要有风能、太阳能、潮汐能、生物质能、废弃物所产生的可持续能源等。

1. 风能

风力发电的原理是利用风力带动风车叶片旋转,再通过增速机将旋转的速度提升,从而使发电机发电。依据目前的风车技术,大约是 3 m/s 的微风速度(微风的程度)便可以开始发电。因为风力发电没有燃料问题,也不会产生辐射或空气污染。

一般说来,3 级风就有利用的价值。但从经济合理的角度出发,风速大于 4 m/s 才适宜于发电。据测定,一台 55 kW 的风力发电机组,当风速 9.5 m/s,机组的输出功率为 55 kW;当风速达到 8 m/s 时,功率为 38 kW;风速 6 m/s 时,只有 16 kW;而风速为 5 m/s 时,仅为 9.5 kW。可见风力愈大,经济效益也愈大。

由于该工程临近瓯江出海口,有丰富的风力资源,因此在瓯江开阔的江面边可以建设若干座风力发电站,以清洁能源代替传统能源,减少碳排放。

2. 潮汐能

潮汐能是指海水(河水)潮涨和潮落形成的水的势能。潮汐发电是利用海水(河水)的势能和动能,通过水轮发电机转化为电能。

我国海岸线曲折漫长,潮汐能资源蕴藏量约为 1.1 亿 kW,可开发总装机容量为 2 179 万 kW,年发电量可达 624 亿 kW·h,主要集中在福建、浙江、江苏等省的沿海地区。据了解,浙江近岸均为强潮区,浙江沿海平均潮差为 4.29 m。本次商务开发内海(江)域每平方公里理论装机容量为 11 678 kW·h,可开发的潮汐能装机容量为 3 503 kW·h。由于潮汐能具有可再生性、清洁性、可预报性等优点,可以在瓯江边建设潮汐能发电站。目前浙江三门、江厦等地已经建有潮汐发电站。

3. 太阳能

太阳能电池主要是以半导体材料为基础,利用光照产生电子-空穴对,在 PN 结上可以产生光电流和光电压的现象(光伏效应),从而实现太阳能的光电转换。

光伏发电具有充分的清洁性、绝对的安全性、相对的广泛性、着实的长寿命和免维护性、资源的充足性及潜在的经济性等优点。它可用于为无电场所提供电源,为太阳能日用电子产品提供能源,并且可以并网发电。

总的来说,光伏技术的发展趋势是良好的,稳定的,高速的。随着光伏技术的成熟,能源问题会得到较大程度的缓解。在商务区开发中,可结合建筑本身开发光伏建材或对孤立的路灯采用太阳能供电,以清洁能源替代传统燃媒电能。

4. 固体废物处理

经过对当地固体废物处理情况调研分析,本工程附近存在 3 个固体废物处理中心,即杨府山垃圾填埋场、温州市中心片污水处理和温州市粪便处理中心,它们均可用于为本工程提供沼气等可持续能源。

(1) 杨府山垃圾填埋场。杨府山垃圾填埋场位于鹿城区会展路以东的涂田工业区内,始建于 1994 年,采用粗放填埋方式。目前总共填埋垃圾 170 多万 m³,平均填埋深度 15 m,最高堆高 24 m,占地面积 130 多亩。为做好综合治理和合理利用,杨府山垃圾填埋场山体采用生物催化工艺处理,对山体封场覆盖,沼气导排和渗滤液初步处理后达到污水处理厂进水标准,并按城市规划要求建设绿化休闲公园用地,恢复生态环境。

(2) 温州市中心片污水处理厂。中心片污水处理厂厂址坐落在温州市区东郊杨府山涂村,占地面积 300 多亩,设计规模为日处理污水 20 万 t,担负着温州市鹿城区、东郊、杨府山、经济开发区、状元、梧田 6 个排水系统的城市污水处理任务。进入中心片污水处理厂的污水以城市污水为主,混合一定比例的工业污水。一期工程规模日处理城市污水 10 万 t。温州污水采用奥伯尔氧化沟工艺二级处理,目前剩余污泥进入浓缩池浓缩后,进入脱水机房脱水,变成泥饼外运。

(3) 温州市粪便处理中心。粪便处理中心位于温州市区江滨路瓯江堤岸桃花岛片区,日处理能力 300 t。

5. 其他

除了利用屋面的太阳能、瓯江边的风能、潮汐能实现能源"自给自足"外,三角绿地"零碳馆"还可取用瓯江水,利用水源热泵作为房屋的天然"空调";用餐后残留下的剩饭剩菜,也可以被降解为生物质能,用于发电。通过综合能源输入输出,实现低碳甚至零碳排放。

8.6 本章小结

通过低碳地下空间设计实践,对地下空间低碳与环保设计的建议如下:

(1) 因地制宜,充分利用本地材料与资源,合理采用新型绿色建材,并进行优化配置,减少建材以及资源的使用量。

(2) 合理规划设计,充分利用建筑场地周边的自然条件,仔细考虑当地气候特征和生态环境,合理考虑建筑朝向和楼距,充分使用天然采光和自然通风,以减少人工照明和空调带来的能源消耗。

(3) 提高建筑围护结构的保温隔热性能,采用由高效保温材料制成的复合墙体和屋面及密封保温隔热性能好的门窗,采用有效的遮阳措施。

(4) 在施工过程中,尽可能减少对自然环境的负面影响,如减少有害气体和废弃物的排放,减少对生态环境的破坏。

（5）应该注意建筑风格与规模和周围环境保持协调，保持历史文化与景观的连续性。

（6）对地下车库和地下环路废气宜采用空气净化综合治理技术，以有效减小汽车废气对大气环境的影响。

（7）根据《京都协议书》中引入的碳交易的机制，可以采用异地碳汇的策略，如业主可以购买一些荒山进行绿化，以实现其减排的目标。

9 结 语

目前,我国正处于快速城市化的发展进程中,土地资源、空间资源的紧缺日益凸显,因此城市地下空间开发量越来越大,呈现在我们面前的客观事实是中国已是全世界地下空间开发规模最大的国家。

20世纪60年代,国外开始提出生态建筑、绿色建筑、低碳建筑的新理念。其后,世界能源危机激发起全球性的"节能热潮",建筑领域的各种节能技术应运而生,建筑节能成为建筑发展的先导。建设低碳化地下空间的最终目的是建设人与自然和谐、可持续发展的生态城市。例如,波士顿中央大道隧道改造工程,是20世纪美国最复杂、最宏大和最具技术挑战的高速路工程,它将大量车辆引入地下,有效地控制了污染物的排放,营造了良好的城市景观环境。日本许多城市的公共换乘中心呈现出功能复合化、环境精致化的特征。如今在地下还建有许多实验设施,比如位于北海道的世界最大地下无重力实验室。此外,在地下实验室里还进行着各种未来地下住居的实验。

传统的城市地下空间开发过程中未能或较少充分考虑对城市生态环境的影响,导致产生了许多问题,如:室内环境品质日益下降,通视性差、自然光线受到限制、空气自然流通性差、防潮问题多等;地下空间建(构)筑物生命周期各阶段的污染对城市生态环境的破坏;地下空间建设和运营期间能源的不当耗用;地下空间资源缺乏统一协调,合理安排,未能有效利用;不当的地下空间开发使城市可持续性发展面临危机,尤其在建筑物密集的城市中心区开发地下空间,会影响周围各类设施的安全使用,引发城市地质环境灾害。因此,综合运用各种绿色材料及技术,克服传统地下空间开发的种种问题,建设低碳型地下空间已经成为21世纪地下空间开发的主流。

但如何在地下空间的建设过程中真正贯彻低碳地下空间理念,目前这方面的研究甚少,在低碳地下空间规划与设计理论、技术标准、评估体系、利用地下空间建设生态型基础设施等课题上,许多重要环节和关键技术的研究尚处于空白之中。因此,开展城市地下空间低碳化规划设计与评估的研究,不但可以解决各种城市地下公共服务设施开发中遇到的技术难题,对优化园区土地资源利用、园区节能、环保和小气候的改善、保护和改善园区生态环境,构筑低碳型园林化园区都具有非常重要的作用。而且,该研究成果在我国地下空间开发中的推广,也将大大提升我国地下空间开发的科技水平,促进我国城市地下空间的开发利用。

附录　低碳地下空间技术导则

1 总则

1.1 发展低碳地下空间的意义

我国正处于经济快速发展阶段,作为大量消耗能源和资源的建筑业,必须发展低碳地下空间,改变当前高投入、高消耗、高污染、低效率的模式,承担起可持续发展的社会责任和义务。

1.2 低碳地下空间的涵义

"低碳地下空间"是指在地下建筑材料与设备制造、施工建造和建筑物使用的整个生命周期内,减少化石能源的使用,提高能效,降低二氧化碳排放量。目前低碳地下空间已逐渐成为国际建筑界的主流趋势。

1.3 低碳地下空间的内涵与建筑功能的关系

发展低碳地下空间,应倡导循环经济的理念和紧凑型城市空间的发展模式;全社会参与,挖掘建筑节能、节地、节水、节材的潜力;正确处理节能、节地、节水、节材、环保及满足建筑功能之间的辩证关系。

1.4 低碳地下空间的发展方向

本书对低碳地下空间的发展方向建议如下:

(1)发展低碳地下空间,应坚持技术创新,走科技含量高、资源消耗低与环境污染少的新型工业化道路。

(2)发展低碳地下空间,应注重经济性,从建筑的全生命周期综合核算效益和成本,引导市场发展需求,适应地方经济状况,提倡朴实简约,反对浮华铺张。

(3)发展低碳地下空间,应注重地域性,尊重民族习俗,依据当地自然资源条件、经济状况、气候特点等,因地制宜地创造出具有时代特点和地域特征的绿色建筑。

(4)发展低碳地下空间,应注重历史性和文化特色,要尊重历史,加强对已建成环境和历史文脉的保护和再利用。

(5)低碳地下空间的建设必须符合国家的法律规定与相关的标准规范,实现经济效益、社会效益和环境效益的统一。

2 适用范围

2.1 导则覆盖范围

本导则用于指导地下空间低碳化的建设。

附表 1

低碳城市地下空间指标体系

分类分项	低碳城市地下交通设施	低碳城市地下市政公用设施	低碳城市地下公共服务设施	低碳城市地下仓储设施	低碳城市地下物流设施	低碳城市地下防灾设施
节地	1.建筑选址和规划; 2.地下空间交通	1.建筑选址和规划	1.建筑选址和规划; 2.地下空间交通	1.建筑选址和规划	1.建筑选址和规划; 2.地下空间交通	1.建筑选址和规划
节能	1.建筑主体节能; 2.常规能源利用率; 3.可再生能源利用率; 4.能源对环境影响; 5.交通工具选择	1.建筑主体节能	1.建筑主体节能; 2.常规能源利用率; 3.可再生能源利用率; 4.能源对环境影响	1.建筑主体节能; 2.常规能源利用率; 3.可再生能源利用率; 4.能源对环境影响	1.建筑主体节能; 2.常规能源利用率; 3.可再生能源利用率; 4.能源对环境影响	1.建筑主体节能; 2.常规能源利用率; 3.可再生能源利用率; 4.能源对环境影响
节水	1.节水率; 2.再生水使用比例	1.节水率; 2.再生水使用比例	1.节水率; 2.再生水使用比例	1.节水率; 2.再生水使用比例	1.节水率; 2.再生水使用比例	1.节水率; 2.再生水使用比例
节材	1.结构体系资源消耗率; 2.使用绿色低碳建材; 3.资源再利用; 4.就地取材; 5.垃圾处理	1.结构体系资源消耗率; 2.使用绿色低碳建材; 3.资源再利用; 4.就地取材; 5.垃圾处理	1.结构体系资源消耗率; 2.使用绿色低碳建材; 3.资源再利用; 4.就地取材; 5.垃圾处理	1.结构体系资源消耗率; 2.使用绿色低碳建材; 3.资源再利用; 4.就地取材; 5.垃圾处理	1.结构体系资源消耗率; 2.使用绿色低碳建材; 3.资源再利用; 4.就地取材; 5.垃圾处理	1.结构体系资源消耗率; 2.使用绿色低碳建材; 3.资源再利用; 4.就地取材; 5.垃圾处理
室内	1.室内光环境; 2.室内声环境; 3.室内热环境; 4.室内空气质量	1.室内光环境; 2.室内声环境; 3.室内热环境; 4.室内空气质量	1.室内光环境; 2.室内声环境; 3.室内热环境; 4.室内空气质量	1.室内热环境; 2.室内空气质量	1.室内光环境; 2.室内声环境; 3.室内热环境; 4.室内空气质量	1.室内光环境; 2.室内声环境; 3.室内热环境; 4.室内空气质量
运营	1.智能化系统; 2.资源与环境管理; 3.政策法规完善	1.智能化系统; 2.资源与环境管理; 3.政策法规完善	1.智能化系统; 2.资源与环境管理; 3.政策法规完善	1.智能化系统; 2.资源与环境管理; 3.政策法规完善	1.智能化系统; 2.资源与环境管理; 3.政策法规完善	1.智能化系统; 2.资源与环境管理; 3.政策法规完善

2.2 导则适用单位及部门

本导则适用于建设单位、规划设计单位、施工与监理单位、建筑产品研发企业和有关管理部门等。

3 低碳城市地下空间指标体系

3.1 低碳地下空间体系实质

低碳地下空间指标体系是按定义对低碳地下空间性能的一种完整的表述,它可用于评估实体建筑物与按定义表述的低碳地下空间在有关方面对比后性能上产生的差距。低碳地下空间指标体系由节地与室外环境、节能与能源利用、节材与材料资源、节水与水资源利用、室内环境质量和运营管理六类指标组成。这六类指标涵盖了低碳地下空间的基本要素,包含了建筑物全生命周期内的规划设计、施工、运营管理及回收各阶段的评定指标的子系统。

3.2 低碳地下空间指标体系表

附表 1 为低碳城市地下空间指标体系框架,附表 2 为低碳城市地下空间建筑的分项指标与重点应用阶段汇总。

附表 2 　　　　　　　　低碳城市地下空间建筑分项指标与重点应用阶段汇总表

项目	分项指标	重点应用阶段
节地	建筑选址和规划	规划、设计
	空间交通	规划、设计、运营
节能	建筑主体节能	全生命周期
	常规能源利用率	设计、施工、运营
	可再生资源利用率	设计、运营
	能源对环境影响	规划
	交通工具选择	设计、运营
节水	节水率	规划、运营
	再生水使用比例	规划、运营
节材	结构体系资源消耗率	设计、施工
	使用绿色低碳建材	设计、施工
	资源再利用	设计、施工、运营
	就地取材	规划、设计、施工
	垃圾处理	运营
室内	室内光环境	设计、运营
	室内声环境	设计、运营
	室内热环境	设计、运营
	室内空气质量	设计、运营

续　表

项目	分项指标	重点应用阶段
运营	智能化系统	规划、设计、运营
	资源与环境管理	运营
	政策法规完善	运营

4　规划设计技术要点

4.1　总体指导

4.1.1　地下道路遵循一般原则

低碳交通(low carbon transport)是指在交通出行的各个环节全面关注温室气体的排放问题,通过对运输结构和运输效率的优化,最大程度地减少碳排放总量。主要通过以下三个层面实现,具体原则如下。

(1)上层规划层面:通过规划建设"低碳交通体系",限制发展个体机动交通,鼓励和推进以公共交通为导向的城市交通发展模式,并从交通政策引导、用地布局优化、交通工具排放控制等多个方面共同减少碳排放。

(2)建设实施层面:在道路交通、公共交通、慢行交通、静态交通等具体设施的设计与建设实施过程中,通过优化设计、采用先进技术和先进材料等措施,提高交通系统的运行效率,减少各交通系统的不必要的能源消耗,降低污染和碳排放。

(3)运营管理层面:通过实施交通组织与管理措施、推行交通管理政策,从推进公交优先、减少车辆绕行、提高出行效率、减少环境污染等方面降低碳排放。

4.1.2　地下道路主要技术

1. 上层规划层面

(1)大力推广公交优先的交通出行模式;

(2)优化规划路网,提高运行效率,改善多种交通方式之间的衔接转换;

(3)发展清洁能源,构建低碳交通能源供应体系;

(4)统筹用地、人口、产业布局,从源头上减少不合理的交通出行;

(5)停车规模较大区域建立地下车行环路,并辅以停车诱导系统,减少车辆绕行。

2. 建设实施层面

1)道路交通

(1)总体设计方面:打造高效运转的路网结构,合理确定道路功能定位,广泛采用立体式交通设施,并采用适宜的设计标准降低碳排放。

(2)线路设计方面:尽可能采用自然采光、通风的道路形式,降低能耗,避免采用过大纵坡与极限设计标准而产生的多余排放,在断面布置中尽可能避免各种交通方式干扰,提高通行效率。

（3）路基路面设计方面：采用透水性生态路面、废弃物综合利用、低噪声路面设计等先进技术，减少资源消耗，改善道路环境，并提升道路使用寿命。

（4）附属设施设计方面：推广空气净化设备、雨水收集回收设备、太阳能利用、清洁能源交通设施、节能环保材料等设施。

2）公共交通

（1）公交场站设计方面：集约化使用土地，鼓励土地综合开发利用，场站选址尽可能靠近人流密集区域。

（2）公交组织措施方面：优化内外交通组织，提高车辆运行与接驳换乘效率。

3）慢行交通

结合慢行交通系统的适用性，在合理的出行距离内，鼓励节能环保的慢行交通设施。

4）静态交通

（1）合理分析静态交通设施规模、选址及具体布置形态，有效利用停车空间。

（2）停车规模较大区域建立地下车行环路，并辅以停车诱导系统，减少车辆绕行。

3. 运营管理层面

（1）交通组织与管理措施方面：采用交通监控及信号系统、电子收费系统等智能化交通组织与管理措施，疏解交通拥堵、改善交通环境。

（2）交通管理政策方面：优先发展公共交通，采用收费经济杠杆，提高公交交通宣传与引导。

4.1.3 地下空间建筑遵循一般原则

建立低碳目标，对地下空间利用从区域规划、设计、建设到后期运营管理全面贯彻低碳理念和措施。地下空间低碳设计则是利用地下空间的特点，从规划层面、能源利用、地下建筑体的损耗及建筑、设备的节能设计等方面进行低碳化控制，实现低碳的最终目标。

4.1.4 地下空间建筑主要技术

1. 规划层面的低碳设计

（1）对区域地下空间应统一规划，合理布局，让各种功能设置得当，提高地下空间利用效率，最大程度地节省土地资源，增加区域的各功能紧密度，增加地下人行和车行的连通，提供舒适的步行环境，减少对地面车辆的交通依赖，实现整体低碳效益。

（2）利用地下空间组织市政综合管廊体系，减少后期的管线变化对道路的影响和重复施工，减少能耗。

（3）采用合理的能源供给方式，增加能源转换的效率。采用区域能源集中供应方式以减少能源损失。

（4）可利用雨水收集再利用对绿化进行灌溉减少对市政雨水的使用。

（5）协调各类能源的关系，做到区域整体环境的能源环境的相对平衡。

2. 建筑单体层面的低碳设计

（1）对建筑外围护进行节能设计，减少地下空间能源消耗；对平面布局进行合理设计，减少能源负荷需求。

（2）地下建筑充分利用生态能源,如地源热泵、太阳能、地面风能等资源。

（3）地下空间利用下沉式广场、天井、局部开敞和玻璃顶棚等方式增加地下空间的采光和通风环境,减少对电能和机械通风的依赖。

（4）利用自然环境如绿化植被等改善地下空间的环境,提高舒适度,减少空调能耗。

（5）使用能源的设备采用变频和节能设备,减少能耗。如变频电梯、节能灯具。

（6）增加地面绿化种植面积,吸收更多的二氧化碳。

（7）研究地下空间中太阳光的引入及利用。

（8）研究地下车库中汽车尾气的收集和处理措施。

3. 实施管理层面

对应相关低碳指标要求,探索适合于地下空间开发的各项低碳指标要求和对应的措施,建立地下空间的低碳指标体系。根据附表3各指标体系检测地下空间低碳目标完成情况。

附表3 地下空间低碳指标体系

指标类型	指标	目标
资源节约水平指标	雨水利用率/%	>30
	非传统水源利用率/%	>20
	单位 GDP 能耗/(吨标准煤/万元)(2006 年价)	<0.20
能源节约水平指标	绿色建筑所占比例/%	100
	建筑全年总节能率/%	>65
	建筑单位面积年用电量/[kW·h/(m²·年)]	<40～100
	建筑外窗可开启面积比例/%	>50
	室内自然采光满足国家标准的主要功能空间比例/%	>80
环境友好指标	年人均二氧化碳排放量/t	<1.6
	清洁能源占总能源的比例/%	>20
	生活污水处理率/%	待定
	生活垃圾无害化处理率/%	100
	单位 GDP 固体废物排放量/(kg/万元)(2006 年价)	<0.1
	城市噪声达标区覆盖率/%	>90
社会和谐指标	无障碍设施率/%	100

4.2 建筑

4.2.1 遵循一般原则

（1）对建筑功能进行合理布局及梳理,在功能布局上充分考虑建设及使用期间的低碳节

137

能要求,提出经济合理有效的布局方案。

(2)对建筑功能流线及管线路径进行研究,减少由于流线及管线布局的问题所产生的不必要增加的能耗。

(3)对建筑材料进行优化筛选,更多采用环保节能材料,减少建筑整体碳排放,增加建筑节能效果。

(4)对建筑自然采光、通风技术进行深化研究,在有条件且合理的情况下,多采用自然式处理,减少建筑整体能耗。

(5)对建筑造型进行优化,充分考虑空气流动等可利用个因素,通过有效的气流组织与引导,实现降低能耗的效果。

(6)对建筑新技术、新工艺进行研究,有效利用新技术新工艺所带来的优化条件,提高建筑整体的节能措施。

(7)对建筑新材料加以运用,加强节能材料在建筑体上的应用,降低建筑能耗。

4.2.2 主要技术

1. 复合墙体保温隔热技术

复合墙体节能是指在墙体主体结构基础上增加一层或多层复合的绝热保温材料来改善整个墙体的热工性能。

2. 种植屋顶

利用一个重型的绿色屋面系统,有一定厚度的覆土,满足一定范围植物的生长,从草皮到小灌木,或者做一个绿化种植园。

3. 楼地面节能技术

(1)为了使室内的内环境更加稳定,增加蓄热性能,采用相变蓄热地板,白天储存热量,夜晚缓慢释放白天收到的太阳热量,使室内温度的波动减少。

(2)将金属管、塑料管等埋入混凝土楼板中,依靠太阳能热水器辅助电加热产生低温热水采暖。

4. 被动采光技术

(1)侧窗及高侧窗采光法。

(2)天窗采光法。

(3)坡上台阶、采光井、天井、下沉广场、地下中庭。

4.3 结构与防水

4.3.1 总体原则

(1)结构的低碳技术的基本出发点为:工程建设中降低高碳能源的使用,合理利用再生能源,并提高能源使用效率。

(2)结构方案应因地制宜地研究低碳地下空间的技术,结合工程所在地区的气候条件、自然条件、资源条件、经济条件和文化条件来确定绿色建筑措施,让节能方案切合实际。

（3）结构设计在充分研究、充分论证的基础上，积极采用低碳地下空间新材料、新技术，同时坚持采用成熟的节能技术、工艺和本地材料，采用切实可行的节能措施；

（4）低碳结构设计中，应充分保证结构的安全性与耐久性，减少结构使用期限内的维修与加固。

（5）地下结构设计充分考虑施工过程中可能出现的各种工况情况，采用合理的围护与支撑结构，最大限度地减少废弃工程；

（6）采用结构低碳技术，尚应符合现行国家有关标准规定。

4.3.2　低碳地下空间的基坑围护结构优化

（1）根据工程所在地区的地质条件与环境条件，在保证基坑工程安全的前提下，选择低碳围护结构形式。

① 当地质条件与环境条件允许时，经对土方平衡方案研究对比，宜考虑圬工量最少的放坡或土钉墙围护结构；

② 地质条件与环境条件较差时，应考虑可重复利用的钢板桩围护或 SMW 工法桩围护结构；

③ 当基坑深度较大时，宜优先采用可与主体结构形成叠合墙、重合墙或双墙合一的单层墙的地下连续墙围护，当采用灌柱桩围护结构时，应在主体结构侧墙计算中，考虑围护桩侧向承载的作用。

（2）基坑围护结构设计时，在保证基坑安全的前提下，选取低碳内支撑体系，并最大限度的减少废弃工程量。

① 当基坑宽度不大时，宜选用可拆卸及重复利用的型钢支撑构件；

② 当基坑宽度较大时，宜选用结合主体结构楼板的环板逆作方案或框架逆作方案。

4.3.3　低碳地下空间的主体结构优化

（1）地下空间主体结构应通过充分研究，合理地采取新工艺、新材料，并优化结构体系以减少结构埋深、增加有效空间，从节省空间、降低建筑材料用量的角度出发，达到降低碳排放的目的。例如据有关资料统计，每节省 1 t 钢材，可节省电能 300 kW·h，标煤 0.7 t、减少二氧化碳排放 0.63 m^3；每节省 1 t 水泥，可节省电能 110 kW·h、节省标煤 0.2 t、减少二氧化碳排放 0.18 m^3。

通过采用合理的工艺与材料，降低结构层高，一可达到减少主体结构建筑材料用量，二可通过减少基坑深度，降低围护结构建筑材料用量，三可因减少结构底板埋深，降低底板水浮力，减少抗浮桩与底板材料用量，实现减少二氧化碳排放的要求。

（2）地下空间所采用的楼盖体系，在满足建筑使用及防火、防水等要求的基础上，需进行碳排放量的综合分析，以确定低碳要求下楼盖结构的最优方案。目前地下空间常用的楼盖结构有井（十）字梁板结构、无梁楼盖结构、预应力无梁楼盖结构、现浇空心楼板结构等。

井（十）字梁板结构是现浇钢筋混凝土楼盖的一种，具有结构刚度大，整体性好，框架梁与相邻楼板及下部支承结构（框架柱）连接可靠，抗震抗冲击性能好，结构延性好等优点。此外，由于楼板的平面形状、尺寸、跨度及荷载都可以根据需要选择和调整,更容易满足楼板开洞、水平荷载传递等使用功能的要求。

无梁楼盖结构可分为有柱帽无梁楼盖及无柱帽无梁楼盖两类。有柱帽无梁楼盖适用于柱距 6～9 m,楼面活荷载(可变荷载)10 kN/m² 以下;无柱帽无梁楼盖适用于柱距 5～7 m,楼面活荷载(可变荷载)6 kN/m² 以下。无梁楼盖结构在相同净空要求下,可以降低楼层层高,减少基础埋深、水浮力和施工土方开挖深度。

现浇预应力混凝土楼板在超长结构和大跨度结构中有优势。具有跨度大,承载力高,延性较好,整体性能强,抗裂及裂缝控制性能好,几乎不存在裂缝,在载荷作用下挠度小的优点,且与无梁楼盖方案类似的有效降低楼层层高的特点。

现浇空心楼板是以"芯管"埋入楼板混凝土中,成为永久性的芯模而构成的一种现浇混凝土空心板。它利用预制空心板的概念将高强薄壁芯管(圆形、矩形、水滴形等)埋入混凝土板中,按一定方向排列,在芯管上下及肋间布置钢筋,然后现场浇筑成型。芯管材料一般是薄壁钢板、纸管、硬塑管、高强复合薄壁管等。对于上部结构来说,现浇空心楼板自重轻,材料省,与梁板结构相比可以增加结构净空。

取标准跨距地下结构分别采用井(十)字梁楼盖、无梁楼盖结构和现浇空心楼板结构在同等荷载条件下进行综合性比较,空心楼板结构是最经济的,其次是井(十)字梁板楼盖,造价最高的是预应力平板楼盖;从混凝土用量上看,无梁楼盖的混凝土用量最多,空心楼板结构的用量最少;从钢筋用量上看,预应力无梁楼盖结构的用量最少。综合比较,空心楼板结构材料用量最小,可作为低碳结构的首选楼盖形式。各工程应结合自身特点选取合适的楼盖型式。

(3) 地下空间基础应合理选型,以达到降低碳排放的目的。

结构基础型式的选择作为结构选型的重要内容之一,历来受到重视。目前结构基础的型式多样,低碳设计中应结合工程所在地区的地质条件、资源条件、工艺条件等,并合理采用新材料、新技术,来确定现实可行的低碳基础型式。具体有以下几种方案可以考虑:

① 为达到低碳目的,在天然地基承载力不足时,可采用水泥粉煤灰碎石桩(CFG 桩)复合地基成套技术。本技术由 CFG 桩、桩间土和褥垫层组成新型复合地基,可确保桩土共同承担荷载。采用沉管或长螺旋钻成孔、泵灌成桩等施工方法。处理后复合地基承载力提高 2～5 倍,综合造价约为灌注桩的 50%～70%。

② 预应力高强混凝土管桩(简称 PHC 桩)是在近代高性能混凝土和预应力技术的基础上发展起来的混凝土预制构件,它具有以下优点:A. 单桩承载力高,其单位承载力的造价比预制混凝土方桩和钻孔灌注桩低,且仅为钢桩的 1/3～2/3,并节省钢材;B. PHC 桩在工厂商品化生产,施工前期准备时间短,一般能缩短工期 1～2 个月;C. 施工现场无砂石、水泥,无泥浆污染,对环境影响小。PHC 桩的以上特点与低碳技术与符合,宜在工程中予以推广。

③ 灌注桩后压浆技术是在灌注桩钢筋笼上预设注浆管,成桩后 5～30 d 内用高压泵将浆液注入桩底和桩侧,以加固桩底浮渣和提高桩身摩阻力,并对桩体周围一定范围内的土体起固化作用,可提高灌注桩承载力 30%～100%,并减少桩基沉降,与低碳技术要求相符合。

4.3.4 建筑材料的低碳策略

1. 混凝土低碳策略

（1）用一些硅酸盐类和铝酸盐或硫酸钙以及再生混凝土硬化浆体取代水泥的钙质原料石灰石会大幅降低碳排放量。

（2）生产高质量的硅酸盐水泥，在混凝土或砂浆拌合环节加入大掺量、高质量的矿物掺和料比生产混合水泥对减排更有利。

（3）碱激发水泥、石膏矿渣水泥、活性氧化镁水泥以及抛填骨料混凝土技术都能大幅度降低熟料水泥用量，对降低碳排放具有重要意义。

（4）使用再生粉碎混凝土骨料代替原生骨料，减少了对环境的影响，可以大大降低生态指数。

（5）工程中使用型钢-混凝土构件及预制混凝土构件，可提高结构强度、保证构件质量、降低材料用量、加快施工速度。

2. 钢筋相关的低碳策略

工程中易采用高强度钢材，尽量减少钢材用量。

4.3.5 地下空间结构防水低碳技术

地下空间结构防水低碳技术主要包括以下几个要点：

（1）地下空间结构防水设计与施工应遵循"防、排、截、堵相结合，刚柔相济，因地制宜，综合治理"的原则，所采取措施必须符合环境保护要求。

（2）结构防水应以混凝土结构自防水为根本，添加适合外掺剂、抗裂纤维或采用补偿收缩混凝土，加强混凝土自防水能力，保证结构耐久性，减少使用期因渗漏水问题产生的维修。

（3）地下结构外需设置附加防水层，防水层应选取使用耐久性、耐腐性与耐候性好、对水环境无污染的材料。

（4）变形缝、施工缝为防水的薄弱环节，宜通过设置后浇带或膨胀加强带、配筋控制、添加抗裂纤维、施工工艺控制等技术措施，减少变形缝的设置，对必须设置变形缝处，应采取多道防线加强防水。

4.4 供暖通风空调

4.4.1 遵循一般原则

供暖通风的运用需要考虑以下一般原则：

（1）充分利用地下空间最明显的特征——冬暖夏凉，减少通风空调能耗。

（2）适当控制湿度，避免霉菌滋生，危害人体健康。

（3）适当的新风引入以改善地下空间室内的空气品质。

4.4.2 主要技术

供暖空调通风中的低碳技术主要包括以下几个方面：

1. 空调技术

1）新风控制技术

空调新风处理是空调的一大用能大户，若能减少空调新风量，则可以减少空调用能。用测量空气品质方法来控制新风量，当前比较成熟的技术是根据二氧化碳浓度来作为开启新风系统的判据，即需求控制（demand controlled ventilation）方式，其他指标如甲醛、CO、TVOC等也可用来评价室内的空气品质，但由于探测元件长期工作的稳定性和制造成本的限制，在空调自动控制系统中应用，其技术还不够成熟。

2）空气热回收技术

为减少地下空间污染物的浓度，需要加大新风量，如此能耗将进一步增大。因此需要在新风与排风之间加设能量回收设备。能量回收设备分两类：显热回收和潜热回收。回收设备有：转轮式全热交换器、板式显热交换器、板翅式全热交换器、中间热媒式换热器、热管换热器等。

3）地道新风技术

土壤由于其热惯性大，蓄存了大量能量，是理想的冷热源，结合地下空间的设计，设置较长的新风地道，可以在夏季和冬季对新风进行预冷预热，使用可再生能源节约建筑能耗。但地道风系统存在如下特点：①运行过程中由于壁温的改变，供冷和供热能力会改变，在最不利时刻，供冷和供热量是最小的；②由于壁面凝水送风湿度较高除湿能力不足；③如果单独开挖地道，工程造价较高。因此，地道风降温系统适合作为建筑空调的辅助系统，主冷热源由常规系统负责。

4）空气消毒除菌除尘技术

有效的空气消毒除菌除尘技术可减少新风的使用，节约能耗。空气消毒除菌除尘技术有：纤维过滤技术、静电除尘技术、紫外线消毒灭菌技术等。

5）地源热泵技术

地源热泵供暖空调系统通过土壤、地表水、地下水等天然资源，冬季从中吸收热量、夏季向其排出热量，再由热泵机组向地下空间供冷、供热。地源热泵利用的能源是可再生能源，高效、无污染，是环境友好型能源。地源热泵根据地热能交换形式的不同，分为地埋管地源热泵系统、地下水地源热泵系统和地表水地源热泵系统。当然，还有少量比较特殊的污水源热泵系统和海水源热泵系统。

6）空调蓄能技术

空调蓄能技术从建筑单体的原则上讲，并不节能。但它可以改善地区电网供电状况，缓解电力负荷峰谷差现象，提高电厂一次能源的利用效率。因此，从源头上分析，空调蓄能技术也是低碳节能的技术之一。蓄能技术受建筑物使用功能、不同蓄能技术的特点、电力峰谷价差等因素的影响，需要进行多种蓄能方案的比较后方可达到最佳的节能效果。蓄能技术包含：冰蓄冷技术、水蓄冷技术、电蓄热技术、太阳能蓄热技术等。

7）溶液调湿技术

地下空间的湿负荷比较大，因此合理的除湿系统设计可以较好地节约能源。溶液调湿技术是采用具有调湿功能的盐溶液(溴化锂)为工作介质,利用溶液的吸湿与放湿特性对空气湿度进行控制。常规中央空调是采用冷冻除湿,降低空气温度从而使得空气中的水分凝结析出。这种方式会导致空调盘管表面潮湿,容易滋生各种细菌,成为生物污染源。同时,这冷冻除湿的方式,会将空气冷却到较低的温度,不仅使人感到不适,还造成了能源的浪费。而利用溶液直接处理空气,不仅弥补了常规空调低温不适等缺陷,还能对空气进行杀菌消毒,保证了室内空气品质,为人们提供一个舒适健康的室内环境。采用溶液调湿技术可以使用 17 ℃～20 ℃的高温冷源处理室内显热负荷,使系统能源效率大幅度提高,系统运行能耗降低 30% 左右。

8)置换通风技术

置换通风是利用空气密度差在室内形成自下而上的通风气流。置换通风可以使室内工作区得到较高的空气品质和热舒适性,且通风效率较高。

2. 关于采暖

采暖方面可利用的低碳技术主要有以下几个类别:

1)太阳能供暖系统

在常规能源缺乏、交通运输困难而太阳能资源丰富的地区,在进行建筑物供暖设计时,可以优先考虑太阳能供暖系统。太阳能供暖系统应根据太阳能集热系统的形式、系统性能、投资、供暖负荷、太阳能保证率等方面进行分析计算,选取合适的蓄热系统。蓄热系统可分为:贮热水箱蓄热、地下水池蓄热、土壤埋管蓄热、相变材料蓄热等。

2)锅炉余热利用技术

对于采用锅炉作为采暖热源的系统,可对锅炉的余热进行回收利用。锅炉的排污水的热量可回收利用。排污扩容器的排污水可逐级利用,可设置排污水换热器生产热水。锅炉烟气的余热可进行回收利用。进行烟气余热利用时需要注意锅炉尾部受热面的低温腐蚀。

3. 关于通风

自然通风是利用自然能量改善室内环境的简单的通风方式。由于地下空间均处于地下,通风阻力较大,很难形成贯流式的穿堂通风,采用热压通风结合机械通风的方式较适宜。通过地道送风的新风系统,有组织地将新风送入各区域;通过地面上设置太阳能拔风竖井(太阳烟囱)方式,使用太阳热量来加热空气,强化排风效果。由于自然通风量的不确定性,故需用室内热环境的计算机模拟来进行自然通风计算。当室内空调系统开启时,要尽可能保持建筑物良好的气密性,此时如果有大量来自室外的窜风,将造成空调和采暖负荷的显著增加。这是在进行自然通风设计时必须考虑的。

4.5 给排水

4.5.1 遵循一般原则

给排水工程在低碳空间中应遵循的一般原则介绍如下:

(1)给水应贯彻综合利用、节约用水的原则。

(2)排水应分类集中,采用高水高排、低水低排互不连通的系统就近排放。纳入城市水体或城市排水管网的各类废水水质应符合《污水综合排放标准》和《污水排入合流管道的水质标准》。

（3）消防时宜直接从城市给水管网中抽水，不设消防水池，有效利用城市管网的供水压力。

（4）应选用高效率水泵，并使其在高效区内运行。

4.5.2 主要技术

给排水的主要技术包括以下一些内容：

（1）利用雨水收集设施，进行绿化循环浇灌使用。

（2）设置中水回用系统，用来当作卫生清扫水使用，节约水资源。

（3）采用环保的给排水的管材。

（4）采用节能节水的洁具龙头，节约水流。选择洁净、耐久宜清洁的洁具。

（5）选择变频电机的排水泵，合理选择匹配等级，节省能耗。

4.6 照明采光

4.6.1 遵循一般原则

照明采光在低碳地下空间建设中需要遵循以下一般原则：

（1）尽量采用自然采光以减少人工照明的能耗。

（2）采用节能灯具可降低能耗。

（3）采用先进的照明控制技术以减少照明能耗。

4.6.2 主要技术

1. 天然采光方式的应用

地下空间利用天然光的方法主要有被动采光法和主动采光法两种：

1）被动采光法

被动采光法主要是利用侧窗或天窗进行采光。还有一些建筑处理形式可以进行被动采光：建于山坡上的地下建筑可利用台阶式的玻璃窗进行采光；沿地下室外墙开设地面采光井；设置大型的下沉式广场或小天井的形式进行自然采光；利用地下中庭的共享空间进行自然采光等。

2）主动采光法

主动式采光是根据季节、时间计算出太阳位置的变化，采用定日镜跟踪系统作为阳光收集器，并采用高效率的光导系统将天然光送入深层地下空间需要光照的部位。主动采光技术有：镜面反射采光法、利用导光管导光的采光法、光纤导光采光法、棱镜组传光采光法和光电效应间接采光法等。

2. 人工照明技术

地下空间人工照明的设计应根据地下建筑的用途、空间大小、建筑形式、材料光洁度、色彩及灯具形式全面考虑。为使地下建筑在人工照明的条件下更接近天然采光，可以采用一些较为特殊的方法，如：创造有自然特性的人造光、以人工光为背景的天窗及墙上窗格、天花与墙壁上的间接光线、变幻的光影等。

人工照明还需采用节能型的光源,选择合适的人工照明控制方式。可根据天然光的照度,照明使用的时段、区域、特点等特性设置控制开关,也可根据需要设置节能节电开关。

3.天然采光与人工照明结合技术

室内天然采光和人工照明的结合不仅可以节约大量的人工照明用电,而且对提高室内采光和照明的均匀度,改善室内光环境都有重要的技术经济意义。天然光和人工光相结合方式有两种:照度平衡型白天人工照明和亮度平衡型白天人工照明。

4.7 电气
4.7.1 一般原则
电气设计和使用在低碳空间建设中应遵循以下一般原则:

(1)供配电设计应注重安全性、可靠性,并应符合国家节能和环保要求。供电系统的继电保护要满足可靠性、选择性、速动性和灵敏性的要求,并应力求简单。

(2)地下空间设计中,应对通风、照明、水泵以及附属用房的照明、空调等能耗较大的设备,全面考虑可实施的节能措施。

(3)设备系统选用、设备选型应以安全可靠、技术先进、经济合理、维修方便等为主要原则,优先选用高效、低能耗的系统模式与设备。

(4)各设备系统宜具备智能节能控制功能,可根据环境、条件变化自动启闭设备,并将设备运行调至最佳状态,降低能耗。

(5)在地下使用的电气设备及材料,应选用体积小、低损耗、低噪音、防潮、无自爆、低烟、无卤、阻燃或耐火的定型产品。

(6)应按现行国家标准《建筑照明设计标准》(GB 50034)中照明节能有关规定,合理确定照明功率密度,选择高效、节能的光源及灯具。

(7)隧道中间段节电照明,可根据交通量状态进行节能控制。

(8)照明灯具及隧道侧墙面应定期维护和清洁,提高光源光通量利用率。

4.7.2 主要技术
电气的主要技术包括以下方面内容:

(1)应优化供电电源引入位置和网络接线,确定合理的供电方案。隧道中间段节电照明,可根据交通量状态进行节能控制。

(2)变电所选址应靠近负荷中心,使电缆截面及长度的选择合理,减少线路损耗。

(3)应合理确定变压器容量,使变压器高效运行。变压器应选用低能耗、低噪音节能型。

4.8 弱电及监控
4.8.1 一般原则
弱电设计在低碳空间建设中应遵循以下一般原则:

(1)光缆、电缆应采用阻燃、低烟、低毒、防蚀的产品。

（2）综合布线系统应具有功能完善的网络管理、控制和各设备的自动检测、故障诊断及告警设施，并在控制中心内进行集中监测和维护。

（3）BAS 系统设计应根据具体情况决定系统的形式和自动化水平。系统应安全、可靠、实用，并具有开放性和可扩展性，既要技术先进又要节省投资。

（4）BAS 系统应能提供设备运行状态、环境参数，并将有关资料、报表集中储存、分析，实现设备运行管理自动化。

（5）对正常照明系统应定时和实时控制开和关，并显示运行状态。

4.8.2　主要技术

弱电的主要技术包括以下方面内容：

（1）监控系统应能根据隧道内的 CO 浓度、VI 能见度及隧道内车流量等综合数据，实现智能风量调节。

（2）出入口加强照明宜根据洞外光照度进行相应的自动调节。

（3）宜根据隧道内不同时间段交通量状况，自动调节隧道内基本照明和节电照明。

4.9　环境保护

4.9.1　一般原则

在低碳地下空间建设过程中，在环境保护方面应遵循以下一般原则：

（1）在施工时减少"三废"的产生。

（2）建筑施工中采用低能耗产品。

（3）建筑物的使用中减少"三废"的产生。

（4）由于建筑空间的封闭性，地下空间应特别注意对环境作消声处理。

4.9.2　主要技术

1. 控制噪声污染技术

1）降低噪声源

降低噪声源是控制噪声污染最有效的手段。对于建筑中所用的设备，尽量采用降低转速、减少功率、改善平衡、选用低噪声设备等方法改善设备运行情况，减少噪声的产生。

2）控制传播途径

控制传播途径也是控制噪声污染最有效的手段其手段包括：合理布局地下空间建筑各功能区，利用建筑物之间的距离达到噪声自然衰减的目的；利用吸声材料对墙壁、天花板等处进行处理；利用消声器降低设备进出口的噪声；利用隔声罩等设备对产生噪声大的设备进行隔声处理；利用隔振器降低振动源的固体声传播。

2. 固体废弃物处理

减少固体废弃物的产生；对固体废弃物进行分类收集，以利于集中后进行分类处理。

3. 废水处理

减少废水的产生；对建筑物内的废水进行必要的处理（隔油等），达到纳管标准后排入市政管道。

4. 废气处理

尽量采用自然通风的方法将室内污浊空气排出;必要时可对废气进行热回收处理。

4.10 装修

4.10.1 一般原则

在低碳地下空间建设中,装修需要遵循以下一般原则:

(1) 空间设计合理,尽可能减少设备的安装高度需求,提高整体空间效果,从而降低对层高的需求,改善环境。

(2) 通过地下空间流畅和块面关系的设计,增加地下空间开敞的感觉,提供舒适度。

4.10.2 主要技术

装修的主要技术包括以下内容:

(1) 对大空间地下空间环境采用模块化设计,提高安装和后期维护的效率和成本,做到节约合理。

(2) 合理设计室内光环境,分功能区设计,对应不同的区域采用恰当的照度。

(3) 设置合理的色彩,改善地下环境,补充光源的明晰度。

(4) 采用耐久、易清洁维护的材料。

5 运营管理技术要点

5.1 资源管理

5.1.1 节能与节水管理

节能与节水管理中的要点有:

(1) 建立节能与节水的管理机制。

(2) 节能与节水的指标达到设计要求。

(3) 对地下空间用水进行计量,建立并完善节水型地下空间净化系统。

5.1.2 耗材管理

耗材管理中的要点有:

(1) 建立建筑、设备与系统的维护制度,减少因维修带来的材料消耗。

(2) 建议物业耗材管理制度,尽量选用绿色材料。

5.2 改造利用

改造利用中的要点有:

(1) 通过经济技术分析,采用加固、改造延长建筑物的使用年限;

(2) 通过改善地下空间布局与空间划分,满足新增功能需求;

（3）设备、管道的设置合理、耐久性好、方便改造和更换。

5.3 智能化管理

建立运营管理的智能化控制平台，加强对地下交通系统、地下设备的管理和火灾报警与消防紧急处理、环境质量等方面的监视，提高物业管理水平和服务质量。

6 碳排放量评估

为使评价指标更加清晰，必须对碳足迹进行评估。考虑建筑全生命过程中各种碳排放，分别从节能、节水、绿化、交通、节材和运营6个方面进行碳足迹评估，并分别计算建筑材料在生产、建造、使用、拆除及重新利用过程中每个步骤的碳排放量并相加，形成建筑全生命周期的碳排放总量。

6.1 节能碳足迹评估

按城市地下空间建筑全生命周期内实际消耗能源计算。不同能源种类折算为标准煤，然后进行碳足迹计算，具体换算标准如下。

（1）1 kg 标准煤＝减排 2.493 kg 二氧化碳；

（2）标准煤折算公式：根据换算系数，将各类能源的消耗折算成标准煤消耗。其中，煤炭：t＝0.714 3 t 标准煤；电力：万 kW·h＝4.04 t 标准煤；汽油：(1 L＝0.74 kg)t＝1.471 4 t 标准煤；0♯柴油：(1 L＝0.86 kg)t＝1.457 1 t 标准煤；燃料油：(1 L＝0.86 kg)t＝1.428 6 t 标准煤；人工煤气：万 m³＝5.428 6 t 标准煤；天燃气：万 m³＝12.997 1 t 标准煤；液化天燃气：万 m³＝1.7572 t 标准煤；热力：(1 t/h＝4.186 8 百万 kJ)百万 kJ＝0.034 12 t 标准煤。

6.2 节水碳足迹评估

实测城市地下空间建筑全生命周期水耗量，然后根据能值理论换算为碳排放量。根据能值理论，自来水能值 3.6×10^6 sej/g，标准煤为 1.2×10^9 sej/g，则 1 g 自来水折合为标煤为 3 g，折合为二氧化碳为 7.5 g。

6.3 绿化碳足迹评估

城市绿地管理适当，其净生产量和平均碳净固定量都是较高的。根据有关研究资料计算，其平均碳净固定量为 5.23 t/mh²·年。由此可量化绿化碳足迹。

6.4 交通碳足迹评估

汽车二氧化碳排放的基准值为 0.36 kg/km，公交车二氧化碳排放的基准值为 0.1 kg/km，轨道交通二氧化碳排放的基准值为 0.1 kg/km。

6.5 节材碳足迹评估

建筑材料生产过程二氧化碳排放实际值根据生产过程中能源消耗进行折算。根据能值理论得到以下建筑材料生产过程二氧化碳排放基准值。钢材：1 kg＝2.91 kg 二氧化碳铝材：1 kg＝33.2 kg 二氧化碳混凝土：1 kg＝33.2 kg 二氧化碳玻璃：1 kg＝1.12 kg 二氧化碳木材：1 kg＝11.52 kg 二氧化碳其他：1 kg＝0.02 kg 二氧化碳。

6.6 运营碳足迹评估

运营阶段涉及节能、节水、绿化、交通和节材等各方面的碳足迹计算，可采用如前所述方法进行评估。

7 评价标准

低碳城市地下空间建筑分为低碳地下交通设施、低碳地下市政公用设施、低碳地下公共服务设施、低碳地下物流设施、低碳地下防灾设施、低碳地下仓储设施。六种类型城市地下空间设施评价标准包括：节地与场地环境、节能与能源利用、节水与水资源利用、节材与材料资源、室内环境质量、运营管理等六个方面，具体评价指标列表详见本"导则"第3章内容。

参考文献

REFERENCES

［1］阚兴德,祝文君. 地下空间利用与低碳发展[C]. 杭州:第八届全国土木工程研究生学术论坛论文集,2010.

［2］GRIFFIN Jeff,王玉龙. 利用软件比较非开挖及明挖施工方法的碳排放量[J]. 非开挖技术,2010(1):18.

［3］HAYWARD Paul. 微型隧道施工技术和微钻系统[J]. 非开挖技术,2002(2):114-118.

［4］刘子言. 城市地下空间的低碳效益研究[D]. 青岛:山东科技大学,2011.

［5］万汉斌. 城市高密度地区地下空间开发策略研究[D]. 天津:天津大学,2013.

［6］郑怀德. 基于城市视角的地下城市综合体设计研究[D]. 广州:华南理工大学,2012.

［7］董林旭. 地下空间与城市现代化发展[M]. 北京:中建筑工业出版社,2005.

［8］李迅. 关于城市地下空间规划的若干问题探讨[C]//上海市地下空间综合管理学术论文集,2006:61-67.

［9］金磊,柳昆,李佳川,等. 地下空间开发对城市向低碳型发展的效益评价[C]//中国土木工程学会隧道及地下工程分会隧道及地下空间运营安全与节能环保专业委员会第一届学术研讨会论文集,2010:161-167.

［10］李展炜. 万博商务区地下空间综合开发利用研究[D]. 广州:华南理工大学,2014.

［11］朱星平. 札幌站前通地下广场开发与运用的借鉴[J]. 地下空间与工程学报,2014,10(2):247-252.

［12］谭仪忠,刘元雪,孙树国. 地下工程节能减排研究进展[J]. 地下空间与工程学报,2010(6):1533-1537.

［13］马欣,张昕,王颖超等. 北京地下空间照明调研综述[J]. 照明工程学报,2011,22(3):82-86.

［14］边宇,马源. 地下空间采光设计的量化研究[J]. 节能技术,2006,24(2):136-138.

［15］任晋芳. 自动跟踪太阳光的采光照明系统[D]. 北京:冶金自动化研究设计院,2013.

［16］王军,冯守中. 隧道节能照明发光涂料施工工艺研究[C]//中国土木工程学会隧道及地下工程分会隧道及地下空间运营安全与节能环保专业委员会第一届学术研讨会论文集,2010.

［17］侯屹松. 城市地下空间暖通空调系统用能现状调查和节能措施分析[D]. 哈尔滨:哈尔滨工业大学,2010.

［18］赵阜东,陈保健,焦冠然. 地下建筑可持续性设计方法——地下建筑自然通风设计研究[J]. 地下空间与工程学报,2006,2(4):532-538.

［19］柳昆,李佳川,余郭平. 面向低碳型城市商务区的地下空间规划理念[J]. 地下空间与工程学报,2010(6):1376-1384.

［20］陈春. 地下空间与节能[J]. 中化建设,2007(3):31-31.

［21］孙雪. 低碳建筑评价及对策研究[D]. 天津:天津财经大学,2011.

［22］古小英,张蕊,俞泓霞,等. 绿地翡翠国际广场节能技术评估浅析[J]. 住宅科技,2012,8(8):9-12.

［23］王琪,江燕. 世博轴及地下综合体综合评价[J]. 制冷技术,2010(S1):47-49.

［24］信春华,丁日佳,刘峰. 井工矿低碳生态矿山建设多阶段综合评价模型[J]. 煤炭学报,2012,37(6):1061-1066.

［25］王印鹏,彭芳乐. 地下建筑的生态化评价体系初探[J]. 地下空间与工程学报,2012,8:1370-1375.

[26] 张智慧,尚春静,钱坤. 建筑生命周期碳排放评价[J]. 建筑经济,2010(2):44-46.

[27] 蔡筱霜. 基于 LCA 的低碳建筑评价研究[D]. 无锡:江南大学,2011.

[28] 姚鑫萍. 基于 LCA 的公共建筑碳排放基线计量研究[D]. 武汉:华中科技大学,2013.

[29] 阴世超. 建筑全生命周期排放核算分析[D]. 哈尔滨:哈尔滨工业大学,2012.

[30] 鞠颖,陈易. 全生命周期理论下的建筑碳排放计算方法研究——基于 1997～2013 年间 CNKI 的国内文献统计分析[J]. 住宅科技,2014,5(8):32-37.

[31] 张春霞,章蓓蓓,黄有亮,等. 建筑物能源碳排放因子选择方法研究[J]. 建筑经济,2010(10):106-109.

[32] 彭渤. 绿色建筑全生命周期能耗及二氧化碳排放案例研究[D]. 北京:清华大学,2012.

[33] 华虹,王晓鸣,邓培,等. 基于 BIM 的公共建筑低碳设计分析与碳排放计量[J]. 土木工程与管理学报,2014,31(2):62-67.

[34] SAMUEL Ariaratnam T;SHAIK Savage Sihabbudin Ed. Methodology for calculating the carbon footprint of underground utility projects[C]. NASTT/ISTT International No-Dig Conference and Show 2009,including the Annual Technical Conference of North American Society for Trenchless Technology,No-Dig,2009(2):744-753.

[35] PAPAKONSTANTINOU K,CHALOULAKOU A,DUCI A, et al. Air quality in an underground garage:Computational and experimental investigation of ventilation effectiveness[J]. Energy and Buildings,2003,35(9):933-940.

[36] 杨晓燕,翁俊. 城市地下空间 CO_2 浓度的测试研究[J]. 地下空间与工程学报,2006,2(2):199-207.

[37] 陈薪. 卢求:建筑碳排放交易任重道远——从欧盟与德国碳排放交易实践看中国未来发展[J]. 低碳建筑,2013(4):40-44.

[38] 刘小兵,武涌,陈小龙. 我国建筑碳排放权交易体系发展现状研究[J]. 城市发展研究,2013,20(8):64-69.

[39] 何华,龙天渝,鄢涛,等. 居住区使用阶段碳收支研究[J]. 煤气与热力,2010,30(4):B40-B44.

[40] 孙莹,章蓓蓓,张涛,等. 试论建筑物碳审计的引入与推行[J]. 建筑经济,2010(9):25-28.

[41] 刘睿,翟相彬,许燕. 绿色建筑碳排放计算研究进展[J]. 科技和产业,2014,14(10):124-127.

[42] 李峥嵘,彭姣,王宝海,等. 上海市公共建筑能耗与运行管理现状调查[J]. 暖通空调,2005,35(5):134-136.

[43] 王洪卫,白雪莲,孙纯武,等. 重庆市大型公共建筑集中空调系统能耗状况及分析[J]. 洁净与空调技术,2005(4):47-50.

[44] 李永存,陈光明,唐黎明. 浙江省公共建筑能耗调查与节能对策分析[J]. 节能建筑,2009(10):65-68.

[45] 黄献明,黄俊鹏,等. 绿色建筑评估[M]. 北京:中国建筑工业出版社,2007.

[46] 聂梅生,秦佑国,江亿. 中国绿色低碳住区技术评估手册[M]. 北京:中国建筑工业出版社,2011.

[47] 卜一德,赵亚军,秦家顺. 绿色建筑技术指南[M]. 北京:中国建筑工业出版社,2008.

[48] 中国建筑学会建筑师分会建筑技术专业委员会,华中科技大学建筑与城市规划学院. 2008 绿色建筑与建筑新技术[M]. 北京:中国建筑工业出版社,2008.

[49] DUNSTER Bill,SIMMONS Craig,GILBERT Bobby,陈硕. 建筑零能耗技术[M]. 大连:大连理工大学出版社,2009.

[50] 吴利君,季翔. 地下建筑空间节能策略研究[J]. 中外建筑,2009(7):69-70.

[51] 陈西峰. 地下建筑节能设计及应用问题探讨[J]. 工程建设与设计,2009(11):40-43.

[52] 刘柯,鲍梦声. 光纤采光照明系统在建筑中的应用[J]. 南方建筑,2006(9):91-94.

[53] 张蓓红,陆善后,倪德良. 建筑能耗统计模式与方法研究[J]. 建筑科学,2008,24(8):19-30.

[54] 世博轴及地下综合体工程项目管理部. 世博轴及地下综合体工程建设和管理[M]. 上海:上海科学技术出版社,2011.

[55] 韩敏霞,董瑞芬,等.世博轴江水源+地源热泵复合中央空调系统[J].城市建设理论研究,2014,5.

[56] 朱雪明,王元恺,董钰铭.世博轴及地下综合体智能化系统设计[J].现代建筑电气,2010,1(11):21-24.

[57] 田扬捷,张安安,钱栋.世博轴雨水排放系统设计难点分析[J].中国给排水,2010,26(24):13-16.

[58] 束昱,朱黎明,路姗.上海世博园地下空间开发利用的特色与启示[J].上海城市规划,2010,91(2):9-13.

[59] 韩英姿.上海世博会园区地下空间规划及实践[J].上海城市规划,2010(2):30-8.

[60] 汪宇峰,邵俊华,阴佳兴.世博轴半逆作法结构的土底施工技术[J].建筑施工,2009,31(7):519-521.

[61] 俞明健,王浩,倪丹.上海世博园区世博轴的地下空间开发[J].上海建设科技,2010(2):5-33.

[62] 江忆.海外各国绿色建筑评估系统对比报告[R].北京:清华大学建筑科学技术系,2001.

[63] LEED[EB/OL]. http://baike.baidu.com/view/482625.htm,2009-9.

[64] 绿色建筑委员会,LEED 2.2 新建和大修工程绿色建筑评估体系[EB/OL].美国绿色建筑理事会USGBC,2005-10.

[65] 李路明.国外绿色建筑评价体系略览[J].世界建筑,2002(5):68-70.

[66] 李蕾,付祥钊,刘俊跃.居住建筑节能评估体系的探讨[J].中国住宅设施,2006(7):50-52.

[67] 香港环保建筑协会,HK-BEAM 香港建筑环境评估法 4/04"新修建筑物"[EB/OL]. http://www.hkbeam.org.hk/,2004.

[68] 田蕾,泰佑国,林波荣.建筑环境性能评估中几个重要问题的探讨[J].武汉新建筑,2005(3):89-91.

[69] Japan Sustainable Building Consortium (JSBC),CASBEE for New Construction Tool-1 (2004 Edition) [EB/OL]. http://www.ibec.or.jp/CASBEE/index.htm,2004.

[70] 日本可持续建筑协会.建筑物综合环境性能评价体系[M].北京:中国建筑工业出版社,2005.

[71] 袁捙,王大伟.中国《绿色建筑评价标准》解析[C]//第三届国际智能、绿色建筑与建筑节能大会论文集——A绿色建筑设计理论,方法和实践,2007:27-34.

[72] HO J C,XUE H,TAY K L. A field study on determination of carbon monoxide level and thermal environment in an underground car park[J]. Building and Environment,2004,39(1):67-75.

[73] XUE H,HO J C. Modelling of heat and carbon monoxide emitted from moving cars in an underground car park[J]. Tunnelling and Underground Space Technology,2000,15(1):101-115.

[74] Jorge Curiel-Esparza,Julian Canto-Perello,Maria A. Establishing sustainable strategies in urban underground engineering[J]. Science and Engineering Ethics,2004,10(3):523-530.

[75] HE Lei,SONG Yan,DAI Shenzhi,DURBAK Katrina. Quantitative research on the capacity of urban underground space - the case of Shanghai,China[J]. Tunnelling and Underground Space Technology incorporating Trenchless Technology Research,2012,32(11):168-179.

[76] Yeh Sonia,Lutsey Nicholas P,Parker Nathan C. Assessment of technologies to meet a low carbon fuel standard[J]. Environmental Science & Technology,2009,43(18):6907-6914.

[77] Jean-François Portha,Sylvain Louret,Marie-Noëlle Pons,Jean-Noël Jaubert. Estimation of the environmental impact of a petrochemical process using coupled LCA and exergy analysis[J]. Resources,Conservation & Recycling,2010,54(5):291-298.

[78] Sanja Durmisevic,Sevil Sariyildiz. A systematic quality assessment of underground spaces-public transport stations[J]. Cities,2001,18(1):13-23.

[79] David James,Kim Diment. Going underground? Learning and assessment in an ambiguous space[J]. Journal of Vocational Education & Training,2003,55(4):407-422.

[80] ZHAO Ziwei,CAO Qi. The development of urban underground space from the perspective of urban economy[J]. Procedia Engineering,2011,21(21):767-770.

[81] LIU Ning,ZHANG Chunsheng. Based on energy-saving of utilization and development of urban underground space resource of Qingdao[J]. Energy Procedia,2011(5):15-19.

［82］Nikolai Bobylev. underground space in the Alexanderplatz Area，Berlin：Research into the quantification of urban underground space use［J］. Tunnelling and Underground Space Technology incorporating Trenchless Technology Research，2010,25(5)：495-507.

［83］CANO-HURTADO J J，CANTO-PERELLO J. Sustainable development of urban underground space for utilities［J］. Tunnelling and Underground Space Technology incorporating Trenchless Technology Research，1999,14(3)：335-340.

［84］蔡伟光.中国建筑能耗影响因素分析模型与实证研究［D］.重庆:重庆大学,2011.

［85］刘君怡.夏热冬冷地区低碳住宅技术策略的 CO_2 减排效用研究［D］.武汉:华中科技大学,2010.

［86］俞明健.城市地下道路设计理论与实践［M］.北京:中国建筑工业出版社,2014.

［87］邢明泉.基于《绿色建筑评价标准》的建筑设计模式研究［D］.杭州:浙江大学,2008.

索 引

INDEX